一看就懂的 装修流程

朱以荣 编著

装修流程全梳理，实用又好用的贴身装修顾问

中国电力出版社
CHINA ELECTRIC POWER PRESS

内容提要

　　本书囊括装修全流程，从最初的选择房型、确认装修风格、设计、施工到最后的购买家具，都采用通俗易懂的文字配上简单明了的图片方式。同时，书中将专业、琐碎的装修知识都流程化、图表化，让读者轻松了解装修，并且介绍了家庭装修在各个阶段容易出现的各种问题，帮助读者认识到问题并且能够更好地解决，最终达到预期的装修效果。书中还包含大量实用案例，辅助说明装修的同时，为读者提供创意与灵感，帮助其明确对新家的具体需求。

　　本书适合准备装修的普通业主使用，也能为对家装感兴趣的读者提供帮助。

图书在版编目（CIP）数据

　　一看就懂的装修流程 / 朱以荣编著 . — 北京：中国电力出
版社，2022.7
　　ISBN 978-7-5198-6800-0

　　Ⅰ . ①一⋯　　Ⅱ . ①朱⋯　　Ⅲ . ①住宅 – 室内装修　　Ⅳ .
① TU767

　　中国版本图书馆 CIP 数据核字（2022）第 084951 号

出版发行：中国电力出版社
地　　址：北京市东城区北京站西街 19 号（邮政编码 100005）
网　　址：http://www.cepp.sgcc.com.cn
责任编辑：曹　魏（010–63412609）
责任校对：黄　蓓　王小鹏
装帧设计：张俊霞
责任印制：杨晓东

印　　刷：北京瑞禾彩色印刷有限公司
版　　次：2022 年 7 月第一版
印　　次：2022 年 7 月北京第一次印刷
开　　本：710 毫米 ×980 毫米　16 开本
印　　张：11
字　　数：212 千字
定　　价：68.00 元

前
言

PREFACE

　　对于大多数人而言，装修是一件重要的事情，它代表着我们是否能够住进理想中的家，以及是否能够圆满、毫无遗憾地进入新家之中。这不光关乎于装修的效果，还包括它的质量、价值等。因此，为了能让更多人看懂装修过程，我们编写了这本书。

　　本书为有装修需求，或对装修感兴趣的业主，全面提供装修中所涉及的内容，如确定装修需求、合理控制预算、室内风格、选择装修配饰、空间规划、细部装饰、合同签订、建材选购、施工验收、软装搭配等，令读者看完此书，能够清晰地了解装修的流程与重点。同时，书中大量运用图表、图形来表现内容，方便读者理解。

编者

2022 年 6 月

目　录 CONTENTS

前言

第 **1** 章

分析需求

根据居住成员，找出装修痛点

在进行装修之前，首先要明确每位家庭成员对
生活的需求，具体讨论出新居室的理想样貌，逐步
了解每位成员的喜好和习惯，再将这些需求确认清
楚，才能为日后的装修设计打好坚实的基础。

01

和家人沟通，
制作需求表

　　理想的居住环境，应该是既能尊重每个人的独立空间，又能与家人共享美好时刻。但每个人的需求和感受都是不一样的，并且对于理想家居的标准也不尽相同。有些人喜欢松软宽大的沙发，可以在下班后半躺半坐地看电视，也有人喜欢减少家具数量，保持室内精简的状态。所以应该和家人写一份家庭生活的需求表，将大家的生活习惯细致地写出来，大致掌握对于新家的需求。

需求表

📝 基本信息

本次装修的是新房还是旧房
○新房　○旧房

家庭成员组成
○单身　○新婚　○三口之家　○四口之家　○三世同堂

户型需求
○平层户型　○大户型（150 m² 以上）　○中户型（90~150 m²）
○小户型（90 m² 以下）○跃层户型　○错层户型　○复式户型　○别墅

您和家人平时的爱好
○阅读 ○打牌 ○泡茶 ○上网 ○游戏 ○看电影 ○聚会 ○其他

平时在家烹饪的频率
○三餐规律 ○偶尔下厨 ○只烧开水 ○不做饭

您对功能的要求
○收纳为主 ○空间设计感为主

您家里家具的使用情况
○全新 ○沿用部分旧家具 ○沿用全部旧家具

🕐 日常生活时间

起床时间 平时 _____ 周末 _____	**早餐时间** 平时 _____ 周末 _____
晚餐时间 平时 _____ 周末 _____	**就寝时间** 平时 _____ 周末 _____

平时如何度过晚餐后的时间（经常在哪里，做什么？）

如何度过周末（经常在哪里，做什么？）

爱好、参加的活动

和朋友或家人玩的时候，一般去哪里，做什么？
如果在家 _____ 如果外出 _____

喜欢的颜色（室内）是什么？

☕ 全家团聚与用餐

全家团聚的时间每周几天？时间段？
每周（　　）天左右 时间段（　　）

全家团聚时做什么（地点、方式）？

全家一起用餐次数

👥 关于来客

每个月有几次来客？

来客人时，带对方到哪个房间？

有没有专用客房？

🐷 宠物方面

有没有养宠物？什么宠物？

如果有宠物，在哪里养？

有没有新家养宠物的计划？

02

分析现有户型，
确定空间分配

　　每个人有着不同的生活习惯和生活方式，所以空间的分配对于每个家庭成员来说也是不同的。想让自己的家变得便捷且功能化，首先要根据家庭成员的生活习惯进行合理的分区。空间平面会受到原有户型的影响，分区只是相对的，会有重叠的情况，如烹饪和就餐、起居和就餐，因此在分配时可以灵活处理。

　　一般室内空间可以归纳为三类：

公共活动空间	私密性空间	家务活动辅助空间
玄关、客厅、餐厅	卧室、书房、卫浴	厨房、卫浴间

基本的空间分配原则：

// ☝ 公共活动空间与私密性空间分开 //

　　将客厅、餐厅、厨房等主要活动场所与卧室、书房等供人休息的场所分开，互不干扰。

// ☝ 用水空间与非用水空间分开 //

　　卫浴间和厨房都要用水，也都会产生废弃物，因而可以分配在同一侧，与其他空间分开；但由于两个空间的使用目的不同，在集中布置时要做洁污分离。

1.考虑居家活动的空间大小和频率

　　大多数人都生活在有限的房屋空间里，但却要进行很多项活动。由于受到空间限制，在分配空间时，要优先考虑频率较高的活动，给出固定而独立的空间，然后与发生频率较低的活动结合到一起，从而做到优化空间。

　　例如，以一个三居室为例，居住者为新婚夫妇。

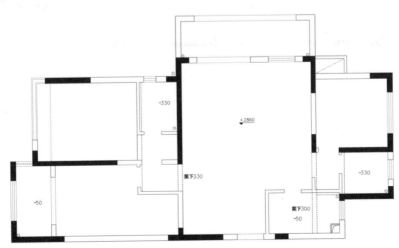

夫妇A

丈夫是上班族，妻子在家办公，两人都喜欢在业余时间观看电影

——// ⚘ **空间分配要点** //——

　　根据夫妇A两人的喜好，喜欢看电影代表客厅的使用频率高和需要的活动空间大，所以应预留出更多的空间融入客厅，将客厅与餐厅分开，并且在客厅前方保留空间以方便观影。

夫妇 B

丈夫与妻子都是上班族,性格开朗,喜欢请朋友到家并一起享受美食

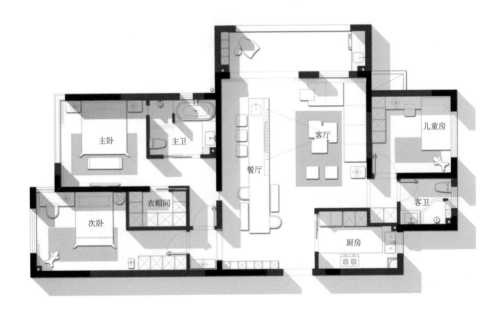

主卧　主卫　餐厅　客厅　儿童房

衣帽间

次卧　客卫

厨房

// ⚑ 空间分配要点 //

　　夫妇B热衷于宴请宾客,因此需要高频率使用餐厅与客厅,可以考虑将客厅与餐厅合并,水吧台与餐桌相连并摆在沙发对面,增加客人的活动空间;对于主人而言,在准备简单餐食饮料时也不会冷落到客人。

2.考虑家庭成员组成

家庭成员的组成会影响居室空间的规划，单身人士、两口之家、三口之家，甚至三世同堂的家庭，对于空间的规划重点是不相同的。

同样是三居室，不同的家庭成员，空间的分配也不同。

（1）单身人士或两口之家

三居室可能会显得面积过大，但从未来发展考虑，可能多年后，生活状态会发生很大变化，各个房间的规划也要有预留空间。

就目前而言，空间的分配重点在于将活动区域与休憩区域区分，比如，新婚夫妇可以将靠近客厅的卧室变成客房，方便家人或朋友来探访时使用。

（2）三口之家

如果只有夫妻两人和孩子长期居住，可以选择将三居室中的一间卧室变成其他用途：可以根据家庭成员的需求，将卧室改造成以办公、学习为主的较安静的书房；可以改造成轻松活泼、提供娱乐的游戏室。

（3）三世同堂

如果居住的是一家五口（包括老人和孩子）那么在空间的分配上要考虑将远离卫浴间的卧室给老人住，保证老人夜间的休息环境，同时将靠近主卧室的次卧室变成儿童房，这样可以方便夜间照顾孩子。

第2章

合理预算

看紧钱包，不花冤枉钱

装修前应该对整个装修过程需要花费的资金
有个估算，再根据装修公司提供的预算报价单来
确定自己能承受的预算范围，从而达到装修预算
不盲目、不糊涂，预算合理的目的。

01

了解预算构成，
估算装修费用

装修费用具体分为设计费用、时间费用、材料费用，当然还有一个方面不能忽视，那就是人工费用，这个在当前占很大的比重。要做好装修，就得提前做好装修费用预算，这样才能有参考的依据。

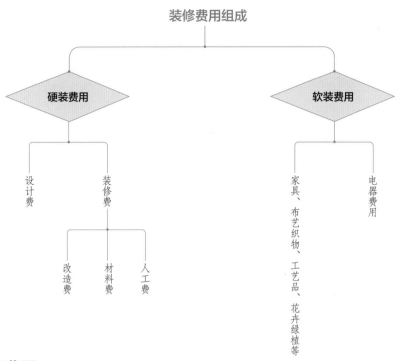

1.硬装费用

项目	备注
设计费	设计费用一般会占整个装修费用的 5%~20%，而且这笔设计费用在装修之前就应该考虑在预算之中
改造费	墙体改造、门窗改造等产生的费用
材料费	材料费又分为主材费和辅材费。主材费指墙地砖、地板、木门、铝扣板等；辅料费指螺钉、胶水、水泥、沙子等
人工费	人工费用是指工程中所耗的工人工资，其中包括工人施工中的工资、工人上缴劳动力市场的管理费等。人工费用约占装修总造价的 30%

2.软装费

包括家具、家电、常见的布艺织物（窗帘、靠枕、地毯、床上用品等）、工艺摆件，以及花艺植物、装饰画等费用。

02

评估装修预算，
确定装修档次

　　房屋装修对每个家庭来讲都是一件大事，因此在装修之前应做好各项准备工作。确定花多少钱是多数家庭首先要考虑的问题。面对火热的装修市场，仔细做好家庭装修预算是装修的第一步。

1.装修档次分类

（1）经济型装修

要点： 户型格局没有大改动，为节省费用，自己买材料且以中低档材料为主。

费用： 经济型装修100m²的房子价位为8万~10万元（硬装）。

格局未动

装修材料简单、常规

（2）中档装修

要点： 中档装修会考虑造型设计，如艺术造型吊顶、主题墙设计等，有一定的预算来请设计师和监理。

费用： 中档装修100m^{2}的房子投资一般在10万～13万元（硬装）。

造型顶面

主题墙设计

（3）高档装修

要点： 高档装修可以选择有信誉、有一定知名度的家装公司，享受及时、周到、完善的服务。所用材料一般都是知名品牌。

费用： 高档装修100m^{2}的房子投资一般在15万～25万元（硬装）。

有设计感的配色

高档建材

（4）豪华装修

要点： 设计师一般为具有多年室内设计经验的设计师，材料的选择较为讲究，基本上都是高档材料。做工要求很高，都是具有多年经验的施工人员，工地上有专门的施工管理人员把关。

费用： 豪华装修 100m^2 的房子投资一般在35万以上（硬装）。

多种材料结合的吊顶

精品建材，具有艺术感

♦ 装修费用的简易估算法

方法一： 在对所选装修材料的市场价格及各种做法的市场工价有所了解的情况下，对实际工程量进行一些估算，据此算出装修的基本价，以此为基础，再计入一定的材料自然损耗费和装饰单位应得利润。通常，材料的综合损耗率可以定在5%～7%，装饰单位的利润可定在13%左右。

方法二： 当对所需装饰装修材料的市场价格已有了解，并已计算出各分项的工程量时，可进一步求出总的材料购置费。然后，再以7%～9%的比例计入材料的损耗与用量误差，并按33%左右计算装饰公司的毛利收益。最后所得即为总的装修费用。

2.影响装修档次选择的因素

▲影响装修档次的主要因素

经济能力	只是想简单装修自己的家，那么预算做到 600~700 元 /m² 即可。如一套二室二厅面积为 80m² 的居室，装修预算（硬装费用）应为 4.8 万~ 5.5 万元左右
住房面积	对于资金相对比较充裕的家庭来说，创造一个中等装修的家的花费大概在 1000 元 /m²。例如，一套三室二厅面积为 100m² 的居室，装修预算应为 11 万元左右
住房售价	想拥有一个豪华、气派的家，那么大概需要 2000 元 /m² 以上的花费。例如，一套面积 150 ~ 250m² 的居室，装修预算应为 35 万~ 80 万元
居住者	老年人居住的住房宜选用中档装修，年轻人可根据自己喜好选择
居住年限	长久居住不准备换房的，宜选用高档装修；面临乔迁或准备乔迁的可选择轻装修重装饰
装修材料供应	当地装修材料齐全、品种质量好的，可选择高档装修

03

根据预算和时间，选择发包方式

目前市场上主要有三种装修形式，各有优点和不足。如果准备装修，可以根据自己的经济情况以及房屋结构等多方面综合考虑，提前了解这三种装修形式，从而选择更适合自身情况的装修形式，为后期装修节省精力与财力。

全包	半包	包清工
包工包料	**负责施工和辅料**	**只负责施工**
建议：严格监理或雇佣监理公司，无法控制隐藏费用，但可以控制材料和工程质量	建议：制定合同时需将材料的采购方备注清楚，并在进行每次材料验收时都严格检查，需花费多一些的精力来监工	建议：多听取有经验的朋友或专业人士的意见，并对每一种材料要做到货比三家

1.全包

适合对象：对装饰市场及装饰材料不熟悉的，又没有时间和精力去了解的人。

发包特点：材料采购和施工都由装修施工方负责。

包含项目：基础装修（墙体改动、水电改造、地面防水处理、墙地砖铺贴、墙面和顶面涂刷、卫生洁具安装、五金件安装、灯具安装）；造型设计（电视墙造型和客厅、餐厅、主卧室、主卧室玄关、衣帽间吊顶）；木作施工（主要包括鞋柜或电视柜等，如自行购买可省去）。

优点

（1）节省时间、精力；

（2）责权清晰，一旦出现质量问题，由装修公司负责。

缺点

（1）容易产生偷工减料现象；

（2）装修公司在材料上有很大的利润空间。

2.半包

适合对象：想自己选择主材的人，但又不想负责施工的人。

发包特点：施工方负责施工和辅料的采购，主料由业主采购。

包含项目：装修公司半包基础装修（水电、瓦工、木工、油漆）；自购（配套的开关底盒、强电箱、弱电箱、单极空开、双极空开、带漏电功能的 40A 双极空开、灯具、86 型或者 118 型的开关插座配套、水阀、坐便器、浴室柜、地漏、瓷砖阳角线、瓷砖勾缝剂等）。

优点

（1）相对省去部分时间和精力；

（2）自己对主材的把握可以满足一部分"我的装修我做主"的心理；

（3）避免装修公司利用主材获利。

缺点

（1）辅料以次充好，偷工减料；

（2）如果出现装修质量问题常归咎于业主自购主材。

3.包清工

适合对象：对装饰市场及材料比较了解，业主通过自己的渠道能够购买到可靠的装饰材料。

发包特点：业主自己购买材料，施工方只负责施工。

优点

（1）将材料费用抓在自己手上，装修公司材料零利润；

（2）可以买到最优性价比产品；

（3）极大满足自己动手装修的愿望。

缺点

（1）耗费大量时间掌握材料知识；

（2）容易买到假冒伪劣产品；

（3）对材料用量估计失误引起浪费；

（4）装修质量问题可能会归咎于材料。

比一比

全包VS半包VS包清工

全包

省事指数：★★★★★
省钱指数：★
装修效果：★★★★

要选择这种方式，一定要把好合同关，除了审核各项费用的合理性，更要对自己需要的主材料标明品牌、型号、颜色，谨防装修队偷梁换柱。此外，还可以聘请独立监理，监督施工中的各项工作。

半包

省事指数：★★★
省钱指数：★★★
装修效果：★★★★

对于各自购买的材料，必须在进场时由对方进行验收，认可后再进行施工。现在，不少大件材料的厂家都提供安装服务，由厂家安装，万一出现质量问题，由厂家负责即可，不会出现扯皮现象。

包清工

省事指数：★
省钱指数：★★★★
装修效果：★★★

最省钱的方法是清包，这种方式虽然好，但会占用业主大量时间。装修期间，家里基本上要有一个人主要负责工地上的协调工作，并兼职当装修工的帮手，并对所缺材料随时补货。

第 **3** 章

风格选定

从喜好出发，构建专属之家

在所有前期准备结束后，我们还要再一次明确选择哪种空间风格。由于家庭成员的喜好不同，对于家居风格的选择也不尽相同，在掌握房屋基本情况后，可以根据个人及成员的爱好来选择适合自己的家居风格。

01

根据空间特质及成员个性，选定家居风格

不同人对空间的要求不同，喜欢的风格也不同。生活在同一空间的家人之间，也可能面临着对不同风格的喜爱，了解家庭成员的个性，结合户型的特点，选择适合家人的风格十分重要。

1.单身人士

空间特质：单身公寓的空间都比较小，因此，在设计上可以简单实用灵活，不需要太多的硬装修，但装修工艺要讲究。

风格取向：可以选择线条平直简单的现代风格或轻装修重装饰的简约风格。如果是单身女性，可以选择温和简洁的北欧风格或清新自然的田园风格。

———// ◊ 单身男性居室和单身女性居室搭配的不同 //

（1）单身男性居室会大量使用诸如不锈钢、玻璃等冷制新型材料；单身女性居室也会运用新型材料，但比例缩小，一般只会用在个别家具装饰和造型墙面的设计上。

（2）单身男性居室多使用流畅的直线条；单身女性居室则会出现圆润的弧线条。图案上，几何图形均适用于两种居室搭配，但单身女性居室常会出现大量花卉植物图案。

（3）单身男性居室往往以黑色和白色占据空间配色的较大比例；而单身女性居室常以白色为主，黑色或灰色占据空间配色比例很小。

2.新婚夫妇

空间特质：新婚夫妇的居室功能相比单身公寓要更加明确，可以不做过多的硬装，但需要利用软装饰来提升空间感。

风格取向：装修要同时满足两人的需求，不宜过于女性化或男性化，可以选择创新的现代时尚风格和简洁轻奢的简欧风格。

◇ 新婚夫妇房屋装修的侧重点

（1）家具选择以实用为主，可以摆放少量充满设计感的家具，来增添情趣感。

（2）二人空间也需要较多的收纳空间，在设计时应当有所考虑。

（3）除了要考虑展现甜蜜氛围，也要同时满足夫妻二人的共同需求，整体要有温馨感，但又不缺乏个性氛围。

3.三口之家

空间特质：不同于新婚夫妇和单身人士，三口之家因为有孩子，所以在设计上要充分考虑到孩子的活动和安全。

风格取向：三口之家的房屋风格选择可以是多样的，但尽量以温馨和实用为主，例如简约风格、乡村风格、日式风格等。装饰上可以不必过于精美，但一定要实用耐看。

◇ 男孩房和女孩房搭配的不同

（1）男孩房会出现如铁艺、不锈钢等冷质新型材料；女孩房很少使用冷材质，如有，基本出现在工艺装饰品或灯具上。

（2）男孩房多用横平竖直的线条搭配；女孩房会出现曲线线条。图案上，卡通形象和自然景物均适用于两种房间搭配，但男孩房较多出现数字图案和几何图案。

（3）男孩房暖色调占据空间配色的比例较小，常见黄色、红色；女孩房往往以粉色、米白色占据空间配色的较大比例。

02

不同家居风格的设计分析，敲定心仪居所

　　室内装修风格多种多样，除了要了解各种风格的特点，还要根据自身喜好、房屋情况和实际功能性来综合选择，这样才能选择出适合自己的家居风格。提前明确家居装修风格，能够节省许多精力与资金。

喜欢现代氛围的看这里
（以100m²空间为例）

1	2	3	4
现代前卫风格	现代简约风格	北欧风格	工业风格
造价：15万~32万	造价：10万~18万	造价：13万~20万	造价：16万~28万

喜欢传统氛围的看这里
（以100m²空间为例）

5
中式古典风格
造价：30万~85万

6
欧式古典风格
造价：30万~75万

7
东南亚风格
造价：25万~85万

喜欢新旧结合氛围的看这里
（以100m²空间为例）

8
新中式风格
造价：20万~45万

9
简欧风格
造价：22万~52万

10
现代美式风格
造价：18万~25万

喜欢自然氛围的看这里
（以100m²空间为例）

11
田园风格
造价：18万~25万

12
美式乡村风格
造价：20万~58万

13
地中海风格
造价：15万~22万

1.现代前卫风格

适合户型：各种户型　　　流行指数：★ ★ ★ ★ ★

推荐指数：★ ★ ★ ★　　　施工难度：★ ★

常用建材	常用家具	常见装饰品
复合地板 119~260 元 /m²	造型茶几 145~600 元 / 个	抽象艺术画 400~1500 元 / 幅
不锈钢 15~35 元 / m	躺椅 890~2000 元 / 个	无框画 100~600 元 / 幅
大理石 119~260 元 /m²	布艺沙发 2900~4900 元 / 套	时尚灯具 300~850 元 / 盏
玻璃/ 镜面 58~320 元 /m²	线条简练的板式家具 1500~3650 元 / 组	金属工艺品 680~1700 元 / 个

注：图中价格为估价。

2.简约风格

适合户型：中小户型、公寓、复式   **流行指数：** ★ ★ ★ ★ ★

推荐指数： ★ ★ ★ ★   **施工难度：** ★

常用建材	常用家具	常见装饰品
纯色涂料 110~260 元 / 桶	多功能家具 2200~4200 元 / 套	造型简洁的主灯 600~3000 元 / 盏
釉面砖 220~350 元 /m²	直线条家具 1800~3400 元 / 套	简练线条装饰画 400~1200 元 / 幅
无色系大理石 150~320 元 /m²	几何形简洁几类 350~2000 元 / 个	素色或少量几何纹理的布艺 100~800 元 / 组
纯色或简练花纹壁纸 50~350 元 /m²	实用式桌、柜 200~ 3500 元 / 件	少材质组合的小饰品 50~500 元 / 个

注：图中价格为估价。

3.北欧风格

适合户型：中小户型　　流行指数：★ ★ ★ ★ ★

推荐指数：★ ★ ★ ★ ★　　施工难度：★ ★

常用建材

天然材料
110~230 元 / 张

浅色实木地板
150~180 元 / m²（材料 +
施工）

白色砖墙
60~180 元 / 卷

几何图案
270~320 元 /m²

常用家具

北欧风经典座椅
220~3100 元 / 张

带收藏功能的家具
1800~2600 元 / 单件

低矮的布艺沙发
900~5800 元 / 张

几何形极简几类家具
100~1200 元 / 个

常见装饰品

无图案的灯具
120~1500 元 / 盏

白底装饰画
220~500 元 / 组

自然材质的简洁织物
120~320 元 / 组

大叶片绿植
30~350 元 / 组

注：图中价格为估价。

4.工业风格

适合户型：中小户型、公寓、复式　　流行指数：★ ★ ★

推荐指数：★ ★ ★　　　　　　　　　施工难度：★ ★

常用建材

红砖墙面
90~180 元 /m²

仿砖纹文化石
80~130 元 /m²

裸露的水泥墙面、顶面
15~20 元 /m²

水泥纤维板
55~75 元 /m²

常用家具

皮革拉扣沙发
5600~15000 元 / 张

黑色铁艺 + 做旧木几类
220~1900 元 / 个

老旧原木桌、柜
600~4200 元 / 件

金属座椅
140~4000 元 / 张

常见装饰品

裸露灯泡的灯具
120~1500 元 / 盏

做旧感的树脂吊灯
120~320 元 / 组

复古木版画
300~850 元 / 盏

铁皮饰品
40~360 元 / 组

注：图中价格为估价。

5.中式古典风格

适合户型：别墅、大户型　　流行指数：★★

推荐指数：★★　　　　　　施工难度：★★★★

常用建材

实木
350~3000 元 /m²

合成板材
120~550 元 /m²

青石板岩
28~65 元 /m²

青砖
25~50 元 /m²

常用家具

实木沙发
8800 元 / 组起，上不封顶

圈椅、官帽椅、太师椅等
1900~3200 元 / 个

博古架
1000~3800 元 / 组

架子床
3500~22000 元 / 张

常见装饰品

瓷瓶、瓷盘
100 元 / 组起，上不封顶

文房四宝
70~350 元 / 组

国画
300 元 / 组起，上不封顶

实木宫灯
600~1800 元 / 盏

注：图中价格为估价。

6.欧式古典风格

适合户型：别墅、大户型　　流行指数：★ ★ ★

推荐指数：★ ★　　施工难度：★ ★ ★ ★

常用建材

护墙板
200~2500 元 /m²

藻井式吊顶
150~260 元 /m²

雕花石膏线
15~35 元 /m

石材拼花地面
180~680 元 /m²

常用家具

兽腿家具
3800~5400 元 / 套

贵妃沙发床
1600~2500 元 / 个

床尾凳
800~1300 元 / 个

常见装饰品

水晶吊灯
2400~4300 元 / 个

壁炉
1500~3200 元 / 个

色彩浓丽的油画
180~880 元 / 组

植绒材料布艺
1600~5500 元 / 组

注：图中价格为估价。

7.东南亚风格

适合户型：别墅、大户型　　流行指数：★ ★

推荐指数：★ ★ ★　　施工难度：★ ★ ★

常用建材

深色木质材料
65~320 元 /m²

粗糙感的石材
50~260 元 /m²

颗粒感的硅藻泥
170~550 元 /m²

常用家具

泰式木雕沙发
2000~8200 元 / 件

藤编家具
500~3200 元 / 件

民族元素雕花桌、柜
2900~4900 元 / 套

线条简练的板式家具
400~3800 元 / 件

常见装饰品

天然材料手工灯具
100~1600 元 / 盏

自然色调棉麻窗帘
66~380 元 /m

泰丝抱枕
80~680 元 / 组

宗教、神话题材饰品
85~480 元 / 组

注：图中价格为估价。

8.新中式风格

适合户型：别墅、中大户型　　　流行指数：★ ★ ★ ★

推荐指数：★ ★ ★ ★ ★　　　　施工难度：★ ★ ★

常用建材	常用家具	常见装饰品
木质材料 350~750 元 /m²	木框架组合材质沙发 5800~12000 元 / 组	金属框架中式符号吊灯 600~2200 元 / 盏
浅色乳胶漆或涂料 35~55 元 /m²	彩漆实木座椅 290~1500 元 / 个	水墨抽象画 260~750 元 / 组
仿制纹理地砖 80~320 元 /m²	中式造型金属椅 150~800 元 / 个	传统元素织物 180~360 元 / 组
不锈钢 15~35 元 /m²	简化中式造型几案 180~1800 元 / 张	东方风格花艺 30~200 元 / 组

注：图中价格为估价。

9.简欧风格

适合户型：中大户型　　　流行指数：★★★★

推荐指数：★★★★★　　　施工难度：★★★

常用建材

雕花石膏造型吊顶
56~238 元 /m²

复合木地板
85~280 元 /m²

壁纸
180~420 元 / 卷

常用家具

具有西式特征线条的沙发
3100~8800 元 / 张

少雕花简约曲线座椅
260~380 元 / 个

少雕花兽腿几类
800~1900 元 / 张

曲线腿造型桌、柜
650~2600 元 / 件

常见装饰品

线条柔和的水晶吊灯
350~1500 元 / 盏

金属摆件
150~280 元 / 组

简化欧式图案布艺
300~850 元 /m

现代油画
78~420 元 / 组

注：图中价格为估价。

10.现代美式风格

适合户型：小户型、中户型　　流行指数：★★★★★

推荐指数：★★★★　　施工难度：★★

常用建材	常用家具	常见装饰品
混油拱形造型 500~2500 元 / 项	直线造型实木几 1100~2800 元 / 张	亮面金属玻璃罩灯具 180~1700 元 / 盏
亚光乳胶漆 25~35 元 /m²	美式元素金属几 1200~5100 元 / 张	动感线条织物 160~350 元 / 组
复合木地板 85~280 元 /m²	彩色漆实木腿或金属腿桌 900~6100 元 / 件	亮面金属摆件 120~450 元 / 组
无雕花石膏线 15~55 元 /m	实木框架软包床 2000~3500 元 / 张	小体积、少色彩的花艺 30~420 元 / 组

注：图中价格为估价。

11.田园风格

适合户型：中大户型

推荐指数：★ ★ ★

流行指数：★ ★ ★ ★

施工难度：★ ★ ★

常用建材	常用家具	常见装饰品
仿古砖 65~380 元 /m²	碎花、格纹布艺沙发 1000~3200 元 / 张	田园元素灯具 560~2300 元 / 盏
碎花、格纹壁纸壁布 190~320 元 / 卷	象牙白实木框架家具 1800~5600 元 / 套	自然题材装饰画 99~520 元 / 组
纹理涂料 20~430 元 /m²	藤、竹家具 230~560 元 / 件	自然色及图案织物 210~860 元 / 组
墙裙 150~1200 元 /m²	实木高背、四柱床 1100~3500 元 / 张	花草或动物元素摆件 78~320 元 / 组

注：图中价格为估价。

12.美式乡村风格

适合户型：别墅、大户型　　　流行指数：★ ★ ★ ★

推荐指数：★ ★ ★ ★　　　施工难度：★ ★ ★

常用建材

自然裁切的石材
280~560 元 /m²

红色砖墙
90~140元/m²（施工）

做旧圆柱造型
3000~6800 元 / 个（需定制）

仿古地砖
160~320 元 /m²

常用家具

做旧处理的实木沙发
7500~14000 元 / 套

原木色五斗柜
1800~2500 元 / 个

宽大厚重的沙发
1700~6900 元 / 张

棕色系桌、柜
1600~4500 元 / 件

常见装饰品

粗犷的灯具
200~2100 元 / 盏

做旧感的油画
200~1100 元 / 组

金属或树脂的动物摆件
60~220 元 / 组

本色棉麻布艺
80~360 元 / 组

注：图中价格为估价。

13.地中海风格

适合户型：别墅、中户型、大户型   流行指数：★ ★ ★ ★

推荐指数：★ ★ ★ ★   施工难度：★ ★ ★

常用建材

马赛克
300~360 元 /m²

白灰泥墙
150~180 元 /m²

花砖
210~250 元 /m²

边角圆润的实木
需联系厂家定制，价格不一

常用家具

蓝白条纹布艺沙发
800~4100 元 / 张

圆润造型木制家具
1200~4800 元 / 件

船形家具
180~5200 元 / 件

做旧本色木家具
800~5200 元 / 件

常见装饰品

地中海吊扇灯
1200~1500 元 / 个

铁艺摆件
120~360 元 / 组

海洋风织物
85~480 元 / 组

海洋风装饰
40~60 元 / 个

注：图中价格为估价。

第4章

选定设计师

找对人，装修就能事半功倍

设计师是装修过程中非常重要的人，是帮助业主实现理想家居的角色。好的设计师不仅可以打造出实用美观的居室环境，还能节省业主的精力与资金，帮他们省去后顾之忧。因此，选择优秀的设计师是家居装修的重要保障。

01

通过不同渠道，
选择心仪的设计团队

设计是装修的灵魂，所以如何挑选设计师，学会在短时间内辨别出优秀的设计师在装修中很重要。

1.渠道一：通过亲友、同事推荐

　　装修之初，可以向周围亲友及同事询问，看谁近期装修过房子。请他们推荐设计师，并可以到他家去参观，看其设计的理念是否符合自己的心意。如果与自己的装修理念相符，则可以向亲友、同事打听这个设计师的设计规划、收费标准及售后服务等问题。

优点

　　因为亲友、同事有亲身体验，而且可以看到设计完成后的空间，所以较值得参考

缺点

　　若设计师就是自己的亲友，有问题也不好意思反映，反而容易委屈自己

2.渠道二：通过网上作品来找设计师

　　要了解室内设计师，就一定要看他的作品。现在很多装修书刊或网站上，都会刊登一些设计师的作品，并对该设计师有简单的介绍。如果感到其设计的作品合自己眼缘，则不妨充分了解后再决定。

优点

　　看得到设计师的作品及设计的理念，可以从中做判断；并且一般能上杂志的设计师大多设计水平较高

缺点

　　杂志上的照片多数经过美化；收纳做得好不好或是否实用，较不容易辨别

3.渠道三：通过中介、承包商介绍设计师

　　中介公司和装修公司一般会配有室内设计师，可以请他们推荐。但中介和承包商大多会跟设计师收取佣金，他们推荐的是否合适较难以辨别。最好自己亲自参观所推荐的设计师装修过的房子。如果做不到，也可以请他们介绍装修过房子的业主，实地考察设计师的作品和口碑。

优点
较为省时、省事
缺点
因为会收取佣金，很难客观介绍

4.渠道四：通过参观成品房、样品房来找设计师

　　若买的房子是现房，多半有成品房及样板房可以参观。有些房地产开发公司为了吸引购房者，会一次装修 4、5 套房子，让业主连装修一起买。因为是一次装修多户，装修费用会比较便宜，但也因为装修是为了卖房子，所以装修不一定符合业主的实际需求。

优点
对空间格局较为了解，且装修费用也较为便宜
缺点
风格不能自主选择，且施工品质需要经过确认

个人工作室VS专业设计工作室VS中小型装修公司VS大型装修集团

（1）个人工作室

价　　格：★★★★★
施工质量：★★★★

　　这样的工作室通常只有设计师一个人，最多有个助理，所以设计师从设计、施工、行政财务到客服都得要自己负责。一般年轻设计师刚开始创业时都是以个人工作室起步，但也有些资深的设计师坚持以个人工作室模式服务业主，每年只固定接几个案例，以确保服务品质。

（2）专业设计工作室

价　　格：★★★★★
施工质量：★★★★

　　这种设计公司最为多见，人数通常在 5 人左右。受人力限制，业务量有限，通常设计是由主持设计师负责。收费有弹性，不过也视设计师个人知名度而定，有些知名度较高的设计师，不达到一定的装修预算不承接。因为多由知名设计师负责设计，设计品质较高。

（3）中小型装修公司

价　　格：★★★★★
施工质量：★★★★

　　公司人数多在 5 ~ 20 人不等，人数越多的公司，部门的编制也较为完整，而且设计部门不会只有一位设计师。有的设计公司还会成立专门的客服部，专门处理售后服务的相关事宜。

（4）大型装修集团

价　　格：★★★★★
施工质量：★★★★

　　不只一家设计公司，会按装修预算的不同而由不同的设计公司对接服务。部门编制完整，资源多，人力充足，设计风格也较为多元，任何问题都有专属部门解决，服务较为周到。但若主持设计师或负责人管理不当，很容易发生品质参差不齐的情况。

02

了解设计师的服务内容，
优化空间设计

想要拥有更完美的装修设计方案，首先要了解设计师工作的内容以及所提供的服务，这样可以提前了解整个装修中设计师的作用，利于解决装修问题。

服务内容

现场勘查

放图

功能配置讨论

定稿、3D 效果图

选材确认

设计 /施工细部图绘制

工程预算书制作

1.做空间设计的设计师工作内容

设计师必须要给出所有的图纸，包含平面图、立面图及各项工程的施工图（水电管路图、吊顶图、柜体细部图、地面图、空调图等，超过数十张）。此外，设计师还有义务跟工程公司或施工队解释图纸，若所画的图纸无法施工，也要协助修改解决。

💲 付费方式

通常只收设计费，在确定平面图后，就要开始签约付费，多为分2次付清

2.设计连同监工的设计师工作内容

这类设计师不仅负责空间设计，还可以帮忙监工，所以除了要出设计图外，还必须定时汇报工程进展情况（汇报时间由双方议定），同时解决施工过程中所遇到的问题。

💲 付费方式

多为2~3次付清

3.从设计、监工到验收的设计师工作内容

这类设计师合不只要出所有的设计图，还需要负责监工，并安排工程、确定工种及工时，连同材质的挑选、解决工程中的各种问题，完工后还要负责验收工作及日后的保修，保修期通常是一年，内容则依双方的合同约定。

💲 付费方式

签约付第一次费用，施工后再按工程进度收款，最后会有10%~15%的尾款留至验收完成时付清

03

看懂设计图，
确定修改平面图

设计图是表示工程项目总体布局、内部布置、结构构造、材料做法以及设备、施工等要求的图样。大致了解设计图的概况，可以有效监督施工单位，防止"一言堂"。

1.原始结构布置图

根据需要装修的房屋现场测量绘制出来的尺寸图，是之后一系列图的基准。

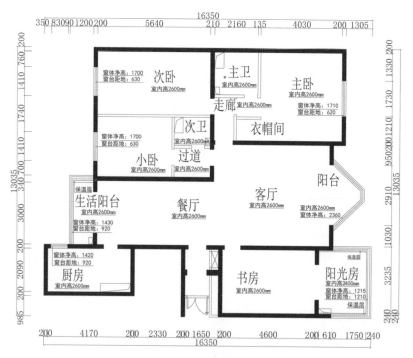

▲原始结构布置图

2.平面布置图

　　平面布置图很重要，它决定了整个空间的布局以及人的动线走向，决定了家具的尺寸以及如何摆放。

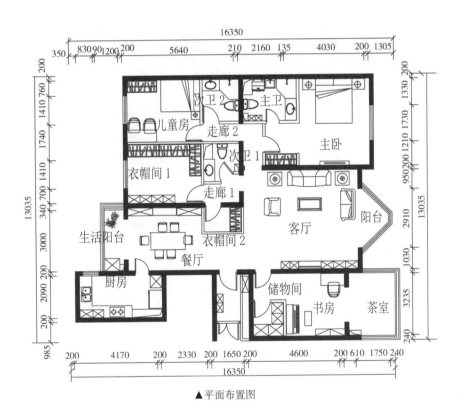

▲平面布置图

3.家具尺寸布置图

在平面布置图基础上，家具尺寸布置图会标出所有家具的尺寸，方便业主根据具体尺寸购买家具。

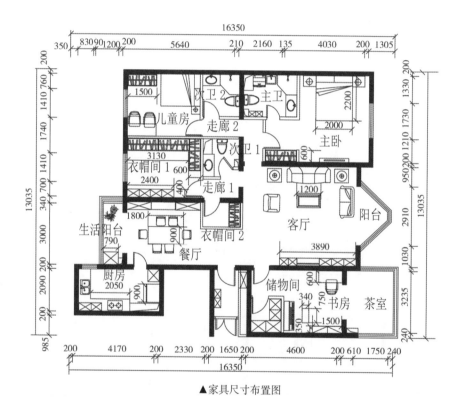

▲家具尺寸布置图

4.面积周长示意图

这张图中标出了每个空间的面积和周长，工程预算书会依据这张图上的尺寸来计算。

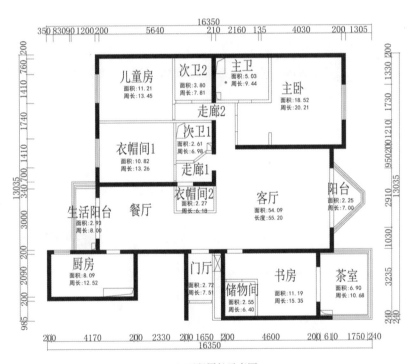

▲面积周长示意图

04

学会谈判技巧，掌握主动权

装修设计不单单是设计师的事，没有房主的配合，设计师也很难完成基本的设计任务，当然就更谈不上有令人满意的设计方案。作为房主应该学会准确、清楚地表达出自己的需求与期望，并说明必要的设计要求，这是保证设计成功的前提。

1.洽谈前要做的准备工作

（1）了解主要材料的市场价格

家装的主要材料一般包括：墙地砖、木地板、油漆涂料、多层板、壁纸、木线、电料、水料等。掌握这些材料的价格会有助于在与家装公司谈判时控制工程总预算，使总报价不至于太离谱。

（2）了解常见装修项目的市场价格

家装工程有许多常见项目，如贴墙砖、铺地砖或木地板等，这些常见项目往往占到中高档家装总报价的 70%～80%。对这些常见项目的价格心中有数，会有助于业主量力而行，根据自己的投资计划决定装修项目，这样可以防止一些家装公司在预算中漫天要价，从而减少投资风险。

（3）了解与其合作的家装公司情况

在初步确定了几家家装公司作为备选对象以后，要尽可能多地了解这些公司的相关情况，以便下一步的筛选工作。

（4）要清楚准备做哪些主要项目

根据投资预算确定所做的项目后，就要有目的地了解掌握相关的知识，因为这些关键项目也许会决定业主的家经过装修后的整体效果。千万不要在谈判时让人家看出自己一点也不懂而受到欺骗。

对家居情况了如指掌，才能在谈判时省时省钱

在与家装公司洽谈前，如果业主没有做好必要的准备工作，洽谈可能因为资料不足而不能进行下去。因此为了高效谈判，以下几项需要了解：

（1）带尺寸的详细房屋平面图，最好是官方（物业等部门）出具的。

（2）将各个房间的功能初步确定下来，拿不定主意的可待日后与设计师讨论，就这些问题要尽量与家人统一思想。

（3）分析自己的经济情况，根据经济能力确定装修预算。

重点考虑：装修所需的费用，购买家具、洁具、厨具、灯具等的费用。

2.与家装公司洽谈的重点内容

（1）说明家庭成员的情况

与设计师进行沟通时，业主应详细说明家庭成员的年龄、职业等信息。有无学龄前儿童以及是否与老人同住是需要重点说明的，这两类家庭成员会决定空间设计的侧重点以及设计中对日常需求的考虑。

（2）说明自身的喜好

业主需要将自己喜欢的风格类型、颜色等告知设计师，可以将自己喜欢的图片给设计师看，这样对方才能更了解业主的真正需求。

（3）说明收纳方式

每个家庭的收纳空间是必不可少的，将自身日常的收纳方式以及需要收纳物品的种类和数量告知设计师，这样对方才能规划出合理又实用的收纳空间。

（4）询问必做工程

与设计师沟通时，要了解哪些工程是必须要做的而哪些又是可做可不做的，这样会对预算有一个相对准确的了解。

（5）说明新旧家具的使用

将需要保留的旧家具拍照给设计师参考，看其是否会与后期的装修风格产生冲突。优秀的设计师会将陈旧的元素合理地应用于新装修的室内空间中。

（6）探讨大体空间设计

与设计师初次见面交谈时最好准备需要装修的室内空间平面图，设计师可以以此为依据并结合业主的性格爱好在第一时间给出大体方案。

（7）说明心里预算价格

业主需要对设计师说明大体的心里预算价格，这样设计师会在可控制范围内做出相应的空间设计以及报价。

第5章

空间规划

—— 确定好功能分区，住着才舒适 ——

家居功能空间的规划和利用是居室设计的一项重要内容，也是完成整个内部环境营造的基础。家居空间是一个有限的空间，我们要学会在这有限的空间里挖掘它的最大容量，使空间格局更合理，家居环境更温馨、舒适。

01

根据使用功能，
区分对待不同空间设计

　　家居空间主要包括客厅、餐厅、卧室、书房、厨房、卫浴等，不同空间需要注意的设计要点各有不同。同时，由于户型大小、户型结构等因素导致了空间在设计时，需要采用一些设计技巧来达到最终的设计效果。

———————————— // 家居空间设计要点 // ————————————

1
玄关
收纳功能与隔断
功能并存

2
客厅
设计以便捷为主

3
餐厅
满足餐食需求和
营造氛围

4
卧室
注意保持私密性
和实用性

5
书房
重点是采光较好、
空气相对流通

6
厨房
根据面积和业主
的习惯进行设计

7
卫浴间
卫生洁具放置和
储存空间

1.玄关

（1）开放式玄关

位置特点： 没有明确的玄关空间，往往入户门与客厅直接相连。

设计要点： 用屏风或收纳家具做出一个玄关，通常与入户门围合成L形，或是与入户门平行的一字形。

（2）过道式玄关

位置特点： 入户门两边的墙将玄关空间挤压成一条过道的形态。

设计要点： 尽量在两边布置鞋柜或置物柜，家具的形体以扁长为佳。

（3）独立式玄关

位置特点： 出现在面积较大的户型里，形成一个独立的空间。

设计要点： 可以在与其他空间的交界处设置视觉通透的屏风或隔墙。

2.客厅

色彩: 颜色尽量不要超过三种(黑、白、灰除外),如果觉得三种颜色太少,也可以用鲜艳明亮的小物件点缀。

照明: 客厅的灯光一定要明亮,这样才会显得空间宽敞。在客厅吊顶中部选择明亮的吊灯或吸顶灯,同时在沙发一侧放置台灯作为辅助光源。

软装: 可以选择有色彩呼应的布艺来体现居室的整体感,也可以在电视柜上摆放一些装饰品和相框,但摆放不宜过于集中,适合稍微有点间距,且前后具有层次感。

墙面设计	顶面设计	地面设计
墙面设计可选择的材质较多,有乳胶漆、壁纸、护墙板、软包、石膏线条等。也可多种材质组合在一起,营造出不同风格的空间氛围	顶面可做石膏板造型吊顶,可增加灯带或筒灯、射灯。也可用木线、金属线条等强化空间风格	客厅的地面大多选择地砖,可选择釉面砖、仿古砖,也可做地砖拼花,使客厅空间更加丰富

3.餐厅

色彩： 餐厅色彩宜以明朗轻快的色调为主，最适合的是橙色以及相近的颜色。

照明： 餐厅的照明以温馨为主，灯光以暖色为宜。可以使用吸顶灯或吊灯增加空间明亮度，但要注意吊灯最低点距离餐桌不能低于750mm，否则可能会有碰撞的危险。

软装： 餐厅的装饰应以祥和的气氛为主。可以在餐桌上摆一束干花，会增加空间温馨感。还可选择风格感较强的吊灯，墙面挂一两幅装饰画，点缀空间。

墙面设计	顶面设计	地面设计
餐厅的墙面设计也可与客厅相同，但应以简洁为主。可以选择乳胶漆、壁纸等营造温馨的就餐氛围	顶面可设计石膏板造型吊顶、灯带等元素，也可只做简单的平顶加石膏线条，适合利用餐桌上方的吊灯来营造空间风格	餐厅的地面可选择铺地砖，吃饭时偶尔会有食物残渣掉落，选择地砖更好清理

4.卧室

色彩： 卧室一般以床上用品为中心色，其他软装色彩尽可能与中心色靠近。

照明： 照明以柔和为主，吊灯、吸顶灯应安装在光线不刺眼的位置，落地灯和床头灯作为辅助照明使光线变得柔和。

软装： 软装配饰主要以柔软的材质、温馨的颜色为主。窗帘对于卧室来说必不可少，其柔软的质地不仅增加了空间温馨感，且能够阻挡室外的光线。

墙面设计	顶面设计	地面设计
墙面可以选择有吸声功能的材料，因为人在休息时需要保持环境的安静	卧室如果做吊顶，不宜设计得太过复杂，因为卧室空间一般不会太大，若太复杂、层次太多，会令人有压抑感	地面可以选择木地板，脚感舒适，视觉上也不会有瓷砖的冰冷感；也可选择地毯，质感更加柔和

5.书房

色彩： 采用统一的色调装饰书房是一种简单而有效的设计手法，完全中性的色调可以令空间显得稳重而舒适。

照明： 书房灯具一般应配备有照明用的吊灯、壁灯和局部照明用的台灯。另外，书房灯光应单纯一些，在保证照明度的前提下，可配乳白或淡黄色壁灯与吸顶灯。

软装： 装饰品应以清雅、宁静为主，不宜太过鲜艳跳跃，以免分散注意力。

墙面设计	顶面设计	地面设计
书房是需要安静的空间，所以在选择墙面材料时可选择具有吸声功能材料	顶面不需要太多造型，仅原顶面基层处理过后涂刷乳胶漆或者安装普通石膏板即可	地面最好选择木地板，不仅脚感柔软，还会给人安静柔和的感觉，适合书房的氛围

6.厨房

（1）开放式厨房

位置特点：厨房和餐厅相连而不用门和墙等隔开，整个厨房对外开放。

设计要点：开放式厨房最大的不便是炒菜的油烟容易扩散到其他空间，因此要选择容易清洗的材料并做好防油烟措施。

（2）封闭式厨房

位置特点：用墙把厨房和餐厅单独隔开，使得厨房变成了一个单独的空间。

设计要点：有更多的空间收纳和操作，可以多设计橱柜。

（3）半开放式厨房

位置特点：只有一面墙采用玻璃或吧台等形式，部分向客厅或餐厅开放。

设计要点：注意视觉上两个空间的区分，可利用不同的地面材料区别两个空间。

7.卫浴间

色彩：卫浴间各种盥洗用具形式复杂、色彩多样，为避免视觉的疲劳和空间的拥挤感，应选择干净、明快的色彩为主要背景色。

照明：卫浴间除了顶部的主灯之外，还需要有辅助光源。浴室柜的梳妆镜处需要安装镜前灯，方便洗漱时的照明需求。

软装：卫浴间的装饰不用过多，可以选择一些色彩艳丽的陶瓷、塑料制品，不容易受潮且清洁方便，若使用同一色系的洗漱产品，会让空间更有整体感。

墙面设计	顶面设计	地面设计
墙面应选择防水性强又具有抗腐蚀抗霉变的墙砖	顶面应选择铝扣板吊顶或者是防水石膏板	地面应选择防滑地砖

02

研习空间特点，
令空间具备更多功能性

现代家居空间不再只有单一使用功能，也可以拥有其他的用途，特别是对于小户型空间而言，一个空间能包含多种功能，可以最大化利用空间。

1.客厅的多功能性

常规功能： 交谈、聚会、娱乐、视听。

多功能设计： 在空间条件允许下，采取多用途的布置方式，除了常规功能，还有如音乐、阅读、健身、儿童游乐、就餐等功能。对活动性质类似、进行时间不同的活动，可尽量将其归于同一区位，从而增加活动空间，减小用途相同的家具陈设。反之，对性质相互冲突的活动，则宜调到不同的区位，或安排在不同时间进行。

▲客厅加入了儿童娱乐功能，可移动的家具满足不同需求时的不同使用要求

2.餐厅的多功能性

常规功能：用餐。

多功能设计：餐厅的主要功能为用餐，但如果户型面积有限，单辟一个空间作为餐厅不太现实，可以在餐桌旁设立隔断，摆放桌子成为书房或者摆放操作台来减轻厨房空间压力，同时还能加强与家人的沟通。

▲餐桌旁的隔断柜既能作为餐厅与厨房的分隔，也能作为厨房备餐台使用

3.卧室的多功能性

常规功能：休息、收纳衣物、梳妆。

多功能设计：最常见的卧室多功能化设计，就是兼容书房功能，例如在儿童卧室中融入书桌书柜设计，解决没有单独书房的尴尬。另外，卧室也可以有休闲功能，在飘窗上铺个垫子或在角落里放置两把椅子，就能有相对私密的休闲空间了。

03

理顺空间动线，
打造零障碍生活环境

动线是指人们在室内由一个功能区到另一个功能区活动的路线。动线规划得好，代表在进行日常活动时，能够花最短的距离、最少的时间完成某些事情，住起来会感觉非常舒适。

1.动线的划分

分类：主动线和次动线。

主动线	有功能区的行走路线，比如从客厅到厨房、从大门到客厅、从客厅到卧室，也就是在房子里常走的路线。
次动线	各功能区内部活动的路线，比如在客厅内部，从沙发走到电视柜的路线。

主动线的具体划分

一般主动线包括家务动线、居住动线、访客动线。

（1）家务动线——在家务劳动中形成的移动路线，包括做饭、洗晒衣物和打扫，涉及的空间主要集中在厨房、卫浴间和生活阳台。家务动线在三条动线中用得最多，也最烦琐，一定要注意顺序的合理安排，设计要尽量简洁，否则会让家务劳动的过程变得更辛苦。

（2）居住动线——是家庭成员日常移动的路线，主要涉及书房、衣帽间、卧室、卫浴间等，要尽量便利、私密。即使家里有客人在，家庭成员也能很自在地在自己的空间活动。

（3）访客动线——是客人的活动路线，主要涉及门厅、客厅、餐厅、公共卫浴间等区域，要尽量避免与家庭成员的休息空间相交，影响他人工作或休息。

2.动线好坏判断

（1）主动线判断

判断方法： 可以画出房子的户型图，依次标出三条线。第一条线从入户门到客厅（访客动线）；第二条线从入户门到卧室（居住动线）；第三条线从入户门到厨房（家务动线）。

判断结果： 三条动线不会交叉，也没有出现过长的情况，说明动线规划比较合理。

家务动线　　居住动线　　访客动线

⚠ **反面案例** ▶

▲动线之间出现了交叉，居住动线规划不太合理

（2）次动线判断

观察手中的家具布置平面
图，或是自己画一下想象中家具
摆放的位置，然后选择一个空间
列出自己每天要做的事情，在纸
上标出步骤的路线。如果标出来
的路线又长又复杂，那么代表动
线规划出现问题了。

以卧室为例，每天要做的事
情：①起床——②洗漱——③护
肤、化妆——④更衣。

▲动线长又乱，早上起床浪费不少时间

调整：把护肤、化妆的步骤
转移到卫浴间，合并②和③，就
能省事不少。

第**6**章

细部提升

巧用设计元素，为空间加分

　　好的居室不光需要整体规划上实用，还要在
细节处理上有独到的设计。我们可以提前根据居
室的风格、面积大小等确定软装的组合，通过对
色彩、材质和样式的考虑，选择合适的物件装点
空间，为家居空间添色。

01

了解配色基础，
用色彩美化家居

在选择家居色彩时，我们总会跟着风格走，有时候因为户型的限制或实现的难易程度，我们会放弃自己喜欢的颜色。但如果全权由自己决定，也会没有把握。因此，在结合室内风格的情况下，选择自己喜欢又不会过时的色彩，也是非常重要的。

1.简单色彩选择

在服装搭配领域，有个词非常常见——基础款。基础款的好处在于它既不会轻易过时，也能成为百搭品，而这些基础款，抛开样式和图案，只讲色彩的话，便是黑白灰色。

▲服装中的基础款颜色以黑白灰以及大地色为主

同样，在家居空间里，也有这样的基础色。在家居空间里，由于硬装不能随意更改特征，可以将其定位基础底色，在百搭的基础色上，选择一些容易更换的调色软装饰品，可以满足自身喜好又符合时代潮流。

（1）步骤一：确定硬装底色

基础硬装材料，如地板、墙面、门、瓷砖等以及定制的橱柜、大型的家具等都选择基础色，黑白灰或大地色系。即使风格不同，基础色也能完美地适配。

硬装底色并不影响空间风格的呈现，如下：

1）黑白色硬装

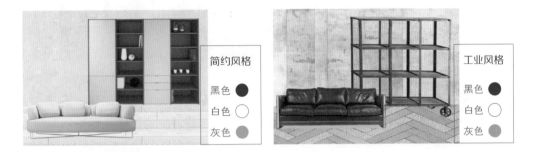

2）大地色硬装

（2）步骤二：选择软装跳色

软装配饰，如窗帘、地毯、灯具、装饰画等可以选择自己喜欢的或风格需要的跳色打破沉闷感，但注意跳色的选择不要超过三种。

以工业风格为例：整体空间以黑白灰为主色，抱枕、装饰画和摆件的色彩选择了同色系的跳色。

（3）步骤三：更换跳色色彩

住了几年、十几年之后，如果想更换家居的氛围，只需要更换软装的色彩，就能有不一样的感觉。

以工业风格为例：更换成其他色彩的抱枕、装饰画和摆件，整个空间的氛围发生了改变。

2.色彩的搭配灵感

　　我们可以从世界名画或是自然界中找到色彩搭配的灵感，这不仅不容易出错，而且也能够比较容易地找到自己喜欢的色彩组合。

（1）从名画上找灵感

提取画中的色彩

▲梵高《星空》　　　　　▲抱枕与盖毯的色彩组合

（2）从自然界找灵感

提取蝴蝶的色彩

▲蝴蝶　　　　　▲座椅与靠枕的色彩组合

02

合理应用光源，
营造正面情绪

除去自然光源，灯光在我们的生活空间中起着不容忽视的作用，微调一下灯光可能会改变整个空间的效果，即便是最简单的灯光组合也能有出其不意的效果。因此，合理应用光源，能够为装修空间带来不一样的变化。

1.灯光基本参数

（1）色温

含义： 指光波在不同能量下，人眼所能感受的颜色变化。

特征： 色温越高，颜色越冷；色温越低，颜色越暖。

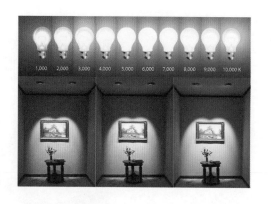

（2）照度

含义： 我们常说桌面够不够亮，通常就是指照度够不够。

应用： 比如书房整体空间的一般照度约为100 Lux，但阅读时的局部重点照明照度至少要600 Lux，所以可选用台灯作为辅助照明的灯具。

2.灯具的种类

吊灯

用于整体照明和装饰作用，主要在客厅、餐厅。

吊灯

常用于室内的整体照明，主要在客厅、餐厅。

壁灯

用于需要加强重点照明的地方。

台灯

适用于客厅边几、床头、书桌上作为辅助照明。

筒灯

常用于整体照明或辅助照明，比较节约空间。

射灯

用来凸显空间的重点，例如展示品、装饰画等。

3.不同空间灯光布置

（1）玄关

布置要点：玄关面积不大，不适合体形硕大、亮度较强的主灯，适合均匀分布的光源。

适合灯具：筒灯、射灯、吸顶灯。

布置方案：如下图所示。

1）均匀排列的筒灯

▲均匀排列的筒灯既能保证基本亮度，也不会占用空间，显得很拥挤

2）大光斑射灯+适中亮度的主灯

▲射灯需要设计在端景墙的一端，通过明显的光斑照射来突出墙面造型的主题主灯的亮度不可太亮，否则会抢夺射灯的照明效果

（2）客厅

布置要点：为满足不同的需要，不仅要考虑到会客时的明亮度，也要考虑娱乐照明时的丰富光影变化。因此，主光源往往较为明亮，辅助照明的点光源则种类多样。

适合灯具：吊灯、吸顶灯、灯带、筒灯。

布置方案：如下图所示。

1）主吊灯+ 筒灯+ 射灯/灯带

◀照明筒灯适用于大面积客厅，用于吊灯不能覆盖区域的照明；灯带则适合顶面有多层次设计的客厅

2）装饰性主灯+简单的补光照明

◀客厅的吊灯装饰性好，边几上的吊灯与沙发旁的落地灯局部补充照明

（3）餐厅

布置要点： 主要以餐桌为中心来布置。大的原则是中间亮，逐渐地向四周扩散而减弱。

适合灯具： 吊灯、筒灯、射灯、灯带。

布置方案： 如图所示。

1）密集分布的点光源

▲点光源的数量以及分布位置需要多且全面，才能为餐桌提供足够的照明亮度以及无死角照明效果

2）吊灯+周围配饰性光源（灯带、射灯）

▲周围的射灯等点光源完全起到烘托氛围的作用，而不需要提供充足的照明亮度

（4）卧室

布置要点： 用点光源营造光影变化，主光源为空间提亮，形成功能区分明确的照明布置。

适合灯具： 吊灯、吸顶灯、筒灯、台灯、灯带。

布置方案： 如图所示。

1）无主灯设计+灯带+台灯

▲大面积地设计暖光或白光灯带，可起到良好的补光效果，为卧室提供柔和的照明亮度，而不会破坏静谧的居室氛围

2）吸顶灯主灯+射灯+辅助吊灯

▲围合式的灯带设计，具有较高的装饰性，与主灯的结合设计效果良好

3）高亮度主灯+台灯/壁灯

▲灯带的设计，避免卧室的整体照明单调乏味，提升空间内照明的趣味性

（5）书房

布置要点： 整体的照明亮度不能过低，同时不能设计一些光线刺眼的灯具，尤其在书桌的周围，灯光的照明亮度需要充足且柔和舒适。

适合灯具： 台灯、筒灯、吊灯、灯带。

布置方案： 如图所示。

1）筒灯 + 可调节学习台灯

▲书桌上以可调节的台灯对桌面进行补充照明

2）精致主灯 + 灯带、射灯

▲一盏好看的吊灯加上灯带搭配，使顶面看上去更有层次感和装饰性

3）方形灯带、筒灯 + 装饰台灯

▲方形的灯带和筒灯结合，看上去简洁干净，装饰台灯能烘托书房氛围

（6）厨房

布置要点：突出照明的实用性，即照明的亮度足、无死角、使用寿命长。

适合灯具：筒灯、射灯、集成灯、吸顶灯。

布置方案：如图所示。

1）照明筒灯组合

▲内嵌筒灯均匀排布，能够均衡地照亮每个角落

2）集成照明灯

▲集成照明灯与集成吊顶搭配，简洁清爽

3）吊柜补光射灯组合

▲吊柜补光射灯能够解决背对灯光时看不清台面的尴尬

（7）卫浴间

布置要点： 主光源提亮整体亮度；镜前光源，用于局部照明以及日常生活中的频繁使用；淋浴光源（浴霸）提供亮度和热度。

适合灯具： 吊灯、壁灯、灯带、筒灯。

布置方案： 如图所示。

1）射灯 + 暖光灯带

▲暖光灯带减轻白色卫浴间的冰冷感，而射灯则进行补充照明

2）吊灯 + 射灯、壁灯

▲装饰性较强的吊灯能够使卫浴间也变得更美观，搭配相同风格的壁灯，非常适合营造氛围

3）镜后灯带 + 筒灯或主灯

▲镜后灯带光线柔和，不会给人光线直射的刺眼感觉

4）干区射灯、筒灯+湿区照明灯　　5）集成式照明

▲干湿区的照明需求不同，干区使用筒灯、湿区使用浴霸灯，满足不同的照明要求　　▲集成式的照明非常适合面积较小的家庭

03

充分利用空间，
做好室内收纳

　　营造美观的居住环境，除了选择适合的风格、色彩等，更重要的是能够保持整洁。对于家庭生活而言，保持整洁的秘诀就是做好收纳。传统收纳方法就是多做柜子，而现在还有许多方法也能够实现收纳。

1.墙面收纳

（1）嵌入式墙面收纳

　　特点：与墙体完全拉平，整体隐身。

　　注意：在具体设计时，要先确认这堵墙不是承重墙，另外需要根据墙体厚度来确定柜体的深度，最好事先预留"嵌入式"的凹槽空间。

▲整体嵌入式的书柜不会给小空间制造压力

（2）充分利用所有墙角空间

特点：根据墙面的走势设计搁板或搁架，摆放一些装饰品、书籍等，让这个位置成为一个亮眼的角落。

注意：在一些背景墙面也可以设置一些墙面搁架，但相对于储物功能来说，这些搁架起到的装饰性作用更强。

▲隔板充当书柜摆放书籍，更节省地方，看上去也比较清爽

2.地面收纳

（1）借用窗边空间

特点：有些户型中会出现外推阳台，可以利用这一处空间打造一个带有收纳功能的飘窗。

注意：飘窗下方收纳最好以开门收纳为佳，若以抽屉收纳，则深处空间较难利用到。

▲儿童房使用飘窗的设计，可以为孩子开辟出新的游戏区，并且还有储物的功能

（2）设置榻榻米

特点：榻榻米就像是一个"横躺"且带门的柜子，收纳功能十分强大。

注意：如果对休闲以及收纳需求均不是特别迫切，但希望客房和书房能合二为一，角落榻榻米较为适用；如果希望满足收纳功能之余，还能拥有睡眠、休闲、工作等多种功能，则全屋榻榻米较为适用。

▲可以给空间带来开阔感，也能直接作为床与收纳柜使用

（3）在餐厅设置卡座

特点：就座功能与储物功能共存。

注意：如果需要存放大件、不常用的物品，可以设计为最简洁的上翻盖式。如果想增加餐厅空间小件零碎物品的收纳，则可以设计为侧开抽屉式。

▲可以给空间带来开阔感，也能直接作为床与收纳柜使用

第 **7** 章

合同签订

—— 白纸黑字，花钱的事儿要摆在明面上 ——

签订装修合同的主要目的是为了明确责任。装修合同是家装质量的约束凭证，也是避免家装纠纷的保证，是我们维护自身合法权益的重要武器。掌握合同签订要点，识别暗藏的合同漏洞，避免上当受骗。

01

了解装修合同要点，
避免出问题

　　装修合同是装修工程中最重要的法律文件。当所有的设计和工程预算都谈妥后，签订装修合同是开工前必须履行的一道手续。

装修合同的构成

工程主体	工程项目	工程工期
施工地点名称、甲乙双方名称	包括序号、项目名称、规格、计量单位、数量、单价、计价、合计、备注（主要用于注明一些特殊的工艺做法）等，这部分多数按附件形式写进程预算（报价）表中	包括工期为多少天、延期的违约金等

付款方式	工程责任	双方签章
对款项支付手法的规定	对于工程施工过程中的各种质量和安全责任做出规定	包括双方代表人签名和日期；作为公司一方，还应有公司章

1.签订合同注意点

明晰合同主体 | ◎装修公司名称应与公章名称一致

确认书面文件齐全 | ◎经双方确认后的工程预算书、全套设计和施工图纸均为合同有效构成要件
◎与装修公司签订合同时一定要看看这三个文件是否齐全

明确双方权利义务 | ◎装修合同中应该规定甲乙双方应尽的义务。比如，施工现场的安全问题、施工人员身体状况等，在合同中应逐一细化，让双方的责任归属更加明确

明确双方违约责任 | ◎合同中应该明确任何一方没有履行合同中约定的职责会承担怎样的责任，在发生争议时的解决办法，从而防患于未然

2.合同签订的技巧

技巧① 看清楚条款再签合同

　　首先要做的是核实装修公司的名称、注册地址、营业执照、资质证书等档案资料，防止一些冒名公司和"游击队"假借正规公司名义欺骗消费者。

技巧② 明确双方材料供应

　　很多工程都是采用装修公司提供辅料和工人，业主提供部分主材的做法进行。因此，在合同中就要明确双方供料的品种、规格、数量、供应时间以及供应地点等项目。

技巧③ 看清施工图纸

　　装修公司出示的施工图上要有详尽的尺寸和材料标示，设计责任要分清。

技巧④ 提前约定好奖惩条款

　　由于各种原因造成的施工延误或工程质量问题，一定要在合同中有所体现，比如，违约方的责任及处置办法、保修期和保修范围（一般免费保修期为一年，终身负责维修）。

（1）保修期严重缩水。

根据《住宅室内装饰装修管理办法》规定，在正常使用条件下，室内装修装饰工程的最低保修时间为两年，有防水要求的厨房、卫浴间和外墙面的防渗漏为五年。

（2）偷换责任概念免除保修责任。

例如，"甲方在验收合格后的十日内未结清工程款，将失去免费保修的资格"。而《合同法》规定，发包方未按期结算工程款，承包方可通过其他多种途径来寻求救济，承包方不能借此免除其所应承担的主要责任。

（3）纳税义务转嫁。

例如，"本合同中所标明的合同价格未含税金，如客户需要开发票另加税额"。根据《消费者权益保护法》《税收征收管理法》规定，制定上述合同条款的承包方有故意逃避国家税收的嫌疑。

（4）工期规定藏猫腻。

例如，"工期自开工之日起 60 个工作日竣工"。根据《建筑装饰工程施工合同（示范文本）》的解释："工期应为协议条款约定的按日历总天数（包括一切法定节假日在内）计算工期天数。"

（5）工期预付款套牢。

例如，"支付次数，第一次，开工前三日，支付 60%；第二次，工程进度过半，支付 35% 及工程变更款"。这一做法没按《合同法》规定办，工程进度过半没有确切的定义，若出现了质量问题，产生争议，消费者也处于被动地位。

（6）室内环境质量不写入合同。

90% 的合同没有对室内环境质量（如空气等）确定具体标准。根据《住宅室内装饰装修管理办法》规定：装修人委托企业对住宅室内进行装饰装修的，装饰装修工程竣工后，空气质量应当符合国家相关标准。

02

提前规避"增项费用"，合同中需明确

　　预算中最容易碰到的陷阱是装修公司利用业主不知道装修的实际施工量，在预算报价中故意少报施工量，制造较低的预算总价，掩盖其较高的收费单价，诱导客户签订装修合同，结算时按照实际工程量作为结算依据，这样，在预算中故意少算的装修项目，就会产生大量的增项，实际所花的钱会远超装修预算的报价。

1.装修中各种增项内容

正常的工程增项	水电预收与水电实际走线结算之间的差额（水电走线前一定要重新放样和现场估算，估算结果与市价结算不应超过 10% 的差异）；因施工过程中发现的因房屋结构原因造成的方案变更或工艺变更造成的增项；因房屋质量问题（如墙面沙灰质量过差另做处理，达成追加贴布处理）达成的临时性解决方法的费用
自己追加的正常增项	如原来准备购买的家具，因满意工队的手工，决定改为现场制作造成的增项
不正常的工程增项	开工之后工队临时要求增加的收费项目（如：材料上楼费追加等）；报价中有，但报价与图纸不符要求追加的项目（如：报价图纸中卧室衣柜是满一面墙的，但工队以报价中只报多少为由未做满，做满要求加价）；以材料价格、人工价格上涨为由，要求的追加造价等

2.增项产生的原因

| 业主本身对装修不了解 | 家装公司的漏项 | 后期设计方案修改所造成的项目增加 | 材料升级所造成的费用增加 |

3.常见增项项目及应对方法

（1）低报价，猛增项

一些家装公司或施工队，为了招揽客户，前期会将报价压得极低。例如 4 万元的工程报价 2 万元，以低价诱惑业主签订合同，而当正式施工时，却又多出许多增项。

避开陷阱诀窍

不要太过于看重便宜的价格，在家装行业，质量与价格大致是成正比的，质量好价格相对来说也高。其次要关注报价项目是否齐全

（2）虚增工程量和损耗

一些家装公司会利用业主不懂行的弱点，增加工程数量以此来达到增加费用的目的。例如多算墙面面积或地面面积，与实际测量数据不符。

避开陷阱诀窍

在大致确定了施工方案以及报价时，要同家装公司的设计师或者工人一起再到现场复核一遍尺寸，避免上述问题出现，从而产生纠纷

（3）后期施工过程中诱导业主增加墙顶造型

在施工过程中装修公司可能会给业主建议，增加一些看起来美观也不影响使用的造型。

避开陷阱诀窍

业主一定要谨记"实用才是硬道理"的原则，严格按照施工图纸进行。否则前期懈怠同意后，后期付款时款项会多出许多

（4）开关插座设计多

对于开关以及插座，够用即可，没必要增加太多，因为增加的不只是开关面板的数量，还有电线以及线管的数量。

避开陷阱诀窍

严格按照之前确定好的施工图施工

03

约定付款周期，
出钱的事要"步步为营"

　　由于装修不是一笔小开销，合理地支付装修款是业主保护自己权益的有效方法，付款方式得当可以降低装修过程中的风险，也可有效地控制装修质量。就目前装修市场收费情况来看，家庭装修工程的付款阶段分为开工预付款、中期进度款、后期进度款和竣工尾款四个阶段。

付款周期

开工预付款	要点：确定交付时间及交付后施工项目
中期进度款	要点：付款前验收好施工质量
后期进度款	要点：保留一部分款项作为验收后的保障
竣工尾款	要点：确认房屋装修没有问题后交付

1.开工预付款

交付时间：应该在水电工进场前交付。

用途：用于基层材料款和部分人工费，如，木工板、水泥、沙子、电线、木条等材料费。

交付比例：全部装修费用的30%左右为宜。

2.中期进度款

交付时间：泥木工进场前支付。

交付比例：具体支付比例可以根据工程进度和质量高低决定，一般以工程款的35% 为宜。

___// ♦注意事项 //___

中期进度款一定要在基层工程量基本完成，并且验收合格后才能交付，如果发现问题，应该尽快要求装修公司整改，再次验收合格后才能交付。

3.后期进度款

交付时间：油漆工进场前交付。

用途：用于后期材料的补全及后期维修维护的费用。

交付比例：约为工程款的 30%。

4.竣工尾款

交付时间：工程全部完工，竣工验收合格并将现场清理干净后。

用途：交完这笔款项后，整个装修付款流程结束。

交付比例：支付最后 5% 的尾款。

"先装修后付款"可靠吗？

最近几年兴起了一种新的装修付款模式，即"先施工，后付款"。但首先要弄清楚"先装修后付款"并不等于装修完再付钱，而是将装修分成设计、基础施工、主材施工三个阶段来"分期付款"。例如，有些装修公司"先装修后付款"的形式，其实是改变了原本装修款的支付比例，从以往的 55%、40% 和 5%，变为 55%、20% 和 25%。对消费者而言，中期款可少支付 20%，但尾款也相应增加了 20%。所以在选择时切不可因为贪图便宜而上当受骗。

第**8**章

建材选购

— 不怕麻烦，精挑细选，空间格调自然高 —

提到装修建材，多数人都会感觉迷茫，因为其种类实在太多，体系又非常繁杂，还不断地有新型材料问世。然而家装又离不开建材，合理的材料搭配是家装整体设计能够成功的关键要素之一。了解常用建材的选购特点，不仅可以降低装修预算，也能更好地利用装修材料打造出更实用美观的家居。

01

根据装修流程，
确定购买建材的顺序

俗话说。万事开头难。装修也一样，但是如果能有序、有准备地把开工前的准备工作做好，那在装修时会少了很多烦恼。在确定装修公司以后，最主要的就是购买材料了，装修材料的购买不能等到装修开始后才开始，那样可能会出现因为材料缺失而耽误工程进度的情况，所以很多时候材料的购买要比装修施工更早一步。

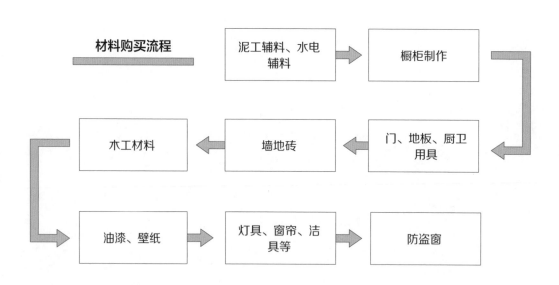

材料购买流程

泥工辅料、水电辅料 → 橱柜制作

木工材料 ← 墙地砖 ← 门、地板、厨卫用具

油漆、壁纸 → 灯具、窗帘、洁具等 → 防盗窗

1.泥工辅料

购买时间：泥工按照施工图进行墙路划线，双方确认墙路线路分布无误，便可购买泥工辅料进场。

购买材料：水泥、河沙、防水剂等。

2.水电辅料

购买时间：泥工基础砌墙完工后，水电工划线定位、开线槽后开始购买。

购买材料：电线、线管、水管、网络线、电话线、监控线等。

3.橱柜制作

预定时间：水电工开线槽期间，需要联系橱柜公司到现场确认橱柜的位置（如果橱柜是现场做台面板，那么等台面板进场再安排师傅量尺寸）。

---// ⚓ 橱柜预订尽量提前 //

橱柜可早定或施工方进场三至五天前定购，因为橱柜水电图是由橱柜厂家出（定制类产品需要一个月左右的工期；烟机灶一般在定橱柜的时候就应该考虑，橱柜台面的开槽需要烟机灶的尺寸，厨房吊柜也需要油烟机的尺寸配合）。

4.门、地板、厨卫用具

购买时间：在水电工开线槽期间开始订购。

购买材料：各类门（入户门、卧室门、卫生间门、铝合金门、淋浴间玻璃门等）、木地板、空调系统、厨卫三件套、热水器、洗菜盆、坐便器、洗漱盆、地漏等。

5.墙地砖

购买时间：水电工开线槽完工后，开始布水电线路时就可以着手订购墙地砖了。墙地砖可早定或施工方进场三至五天前定购，一般泥水工大概在开工后的 10 天进驻，这个时候就需要墙地砖进场了。

购买材料：墙砖、地砖。

水电完工后，泥工进场基础改造时，需要把墙地砖、地漏等拉到现场。各类门也可以陆续安排进场安装，厕所铝合金门、阳台推拉门框、入户大门等。

6.木工材料

购买时间：在泥工前期改造完工后，便可安排木工师傅估算木工材料，进行购买。

购买材料：3×4 木条、膨胀螺栓、白乳胶、钢钉、铁钉、合板、生态板、饰面板等。

木工基础吊顶完成后（卫浴间及厨房的吊顶如果选择铝扣板吊顶，可以安排厂家过现场测量平方数及安装，同时确定排气扇、浴霸、筒灯、吸顶灯等的尺寸，方便开孔），木工开始制作家具，我们要配齐各类五金配件（衣通管、裤架、合页、铰链、格锁、拉手等）。

___// ♦订购技巧 //___

厨房吊顶完工后，可以安排橱柜公司去现场再次确认橱柜的尺寸，无误后便可下单开始制作。

7.油漆、壁纸

购买时间：木工全部完工后。

购买材料：复粉、108 胶水、熟胶粉、石膏粉、乳胶漆、家具漆、壁纸等。

在油漆工第一遍底漆完工后，如果选购的是成品套装门，那么此时需要通知安装套装门和门套（在安装套装门时主要需要购买五金件，比如锁、合页、拉手、门吸等）；如果厨房或卫浴间是滑门，那么门套安装好后就需要让滑门量尺寸并开始制作。

8.灯具、窗帘、洁具等

购买时间：在上漆期间或贴墙纸期间。

购买材料：木地板、灯具、窗帘、洁具、开关面板、挂件等。

油漆完工后，需要把灯具、洁具、开关面板、五金挂件、热水器等电器拉到工地安装。此时可以安排厨房及卫浴间滑门、淋浴间等厂家上门安装。

9.防盗窗

购买时间：油漆工完工后，清洁工进行第一次清洁后。

购买材料：防盗窗、隐形网、防蚊网等。

02

计算材料用量，
有效节约预算

　　在装修过程中，常会遇到材料不够的情况。当施工进行到一半时，发现材料不够，不仅影响施工进程，而且也会因为临时购买而造成预算超支，所以在购买材料前，要学会计算大致的材料的用量，这不仅能为后期省心省力，还能减少意外支出。

1.墙面材料

材料名称	计算方法
乳胶漆	粗略的计算方法：使用桶数 = 地面面积 ×2.5÷35 精确的计算方法：使用桶数 =（墙面面积＋顶面面积－门窗面积）÷35
墙纸	粗略的计算方法：墙纸的卷数 = 地面面积 ×3= 墙纸的总面积 ÷（0.53×10） 精确计算方法：墙纸的卷数 = 墙纸总长度 ÷ 房间实际高度 = 使用的分量数 ÷ 使用单位的分量数
石材饰面	板材使用数量 = 实测使用面积 ×101.2%÷ 板材规格面积
饰面玻璃	实际所需用量（张）= 实测使用面积 ×[1+（10~25%）]÷ 选用品种单张规格面积

2.地面材料

材料名称	计算方法
实木地板	粗略的计算方法：使用地板块数 = 房间面积 ÷ 地板面积 ×1.08 精确的计算方法：使用地板块数 =（房间长度 ÷ 地板长度）×（房间宽度 ÷ 地板宽度）
复合地板	使用地板块数 = 房间面积 ÷0.228×1.05
釉面砖	使用块数 = 铺设面积 × 每 m^2 用量 × 损耗率[①]
陶瓷马赛克	使用块数 = 铺设面积 × 每 $10m^2$ 用量 × 损耗率[②]

3.其他常用材料

家装电线	1.5mm^2 电线长度 =［（A+5m）× 灯具总数］×2 2.5mm^2 电线长度 =［（A+2m）× 插座总数］×3 4mm^2 电线长度 =［（A+2m）× 大功率电器总数］×3
水管	供水管的用量（m）= 施工间的周长 ×2.5 （供水管是指冷水与热水管的总长之和；施工房间是指独立的厨房或卫浴间）

①釉面砖单位面积用量、损耗率参考表

规格（mm）	用量（块）/m^2	损耗率（%）
152×152	44	3
108×108	86	3

②陶瓷马赛克单位面积用量、损耗率参考表

规格（mm）	用量（块）/m^2	损耗率（%）
30.5×30.5×4	107	3
30.5×30.5×4.5	107	3
326×326×4.5	94	3

03

掌握常用建材，
了解选购要点

材料的好坏决定着住房的质量及后期居住的舒适度。但是，材料品牌的繁多、种类的杂乱、商家的夸大宣传等都影响着我们的判断力。所以，除了将采买的任务外包给装修公司以外，我们还应该掌握一些选购材料的常识和小技巧，为日后能够住上高质量又舒适的房屋而做准备。

1.基础材料选购要点

（1）龙骨

1）木龙骨

应用： 主要用于家装吊顶、隔墙、实木地板铺设。

特点： 容易造型，握钉力强，易于安装，特别适合与其他木制品的连接。

🛒 **选购要点**

□ 优质产品的色彩应该均匀，不能有灰暗甚至霉斑存在

□ 纹理清晰自然，年轮色彩对比强烈、锐利，结疤不能存在明显开裂

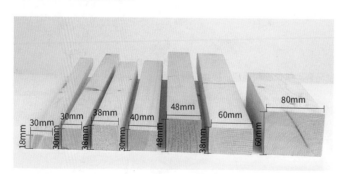

2）轻钢龙骨

应用： 一般用于面积较大或较平整的吊顶、隔墙基础。

特点： 强度高，耐火性好，安装简易、实用性强。

选购要点

□ 外观平整，棱角清晰，切口没有影响实用的毛刺与变形

□ 表面没有严重的腐蚀、损伤、黑斑等缺陷

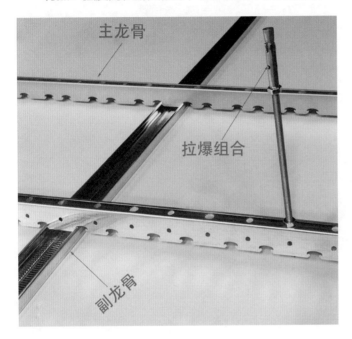

主龙骨

拉爆组合

副龙骨

（2）水泥

应用： 地砖、墙砖粘贴以及砌筑等都要用到水泥砂浆进行黏合。

特点： 不仅可以增强面材与基层的吸附能力，而且还能保护内部结构。

选购要点

□ 是否为当地知名品牌，包装是否采用防潮性好且不易破损的编织袋，标识是否清楚、齐全

□ 水泥是否呈蓝灰色，颜色过深或有变化有可能是其他杂质过多

□ 用手握水泥粉末应有冰凉感，比较细腻，不应有杂质或结块形态

□ 观察出厂日期，出厂 1 个月以内的最佳（水泥出厂 1 个月后强度就会下降，储存 3 个月后强度会下降 15%~25%，存储 6 个月以上的水泥不宜购买）

2.顶面材料选购要点

（1）纸面石膏板

应用： 家装吊顶的首选材料。

特点： 质量轻、隔声隔热、施工方法简便，对室内湿度起到一定的调节作用。

（2）扣板

应用： 常用于厨房、卫生间、阳台等空间的顶面装修。

特点： 质量轻，防水防潮、好清洗，能阻燃。

（3）装饰线条

应用： 主要用于墙顶面转角修饰与吊顶材料缝隙的掩盖。

1）木质线条

特点： 木质线条是古典风格的配套产品，不仅可以用于顶面装饰，还可以用于镜框、画框等。

2）石膏线条

特点： 花样丰富，价格低廉，还有防火防潮的功能，也能加入各种颜料形成不同颜色的线条。

🛒 **选购要点**

□观察弯曲度，优质的产品不会弯曲

□经过烤漆处理的复合木质线条的表面应该光洁平整，烤漆层较厚，用指甲抠不易剥离

🛒 **选购要点**

□花纹的凹凸厚度达到 8mm 以上，整体厚度大于 15mm

□表面细腻、手感光滑

3.墙面材料选购要点

（1）墙面砖

1）釉面砖

应用： 釉面砖主要用于室内的厨房、卫浴等墙面。

特点： 色彩图案丰富、防渗、韧度好，基本不会发生断裂现象。

🛒 **选购要点**

☐ 仔细观察釉面砖背面的颜色，全瓷釉面砖背面应呈乳白色，强度较高；陶质釉面砖背面应是土红色，强度较低

☐ 在釉面砖背面滴入少许的淡茶水或非碳酸有色饮料，水渍扩散面积较小则为上品

☐ 垂直提起釉面砖边角，用手指关节敲击瓷砖中下部，声音清脆响亮的是上品

2）马赛克

应用： 石材马赛克可用于客厅、餐厅的墙面或厨房、卫生间的局部铺装；陶瓷马赛克则可用于家庭大部分空间；玻璃马赛克则适合厨房、卫生间、玄关墙面的局部铺装。

特点： 吸水率小，能够拼成各种装饰图案，即使少数砖块掉落也容易修补。

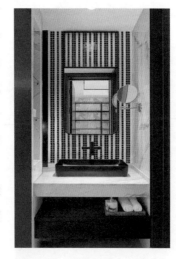

🛒 **选购要点**

☐ 在自然光线下，目测无裂纹、疵点及缺边、缺角现象；如内含装饰物，其分布面积应占总面积的 20% 以上，且分布均匀

☐ 马赛克放平，铺贴纸向上，用水浸透后放置 40 分钟，捏住铺贴纸的一角，能将纸揭下，即符合标准要求

☐ 用两手捏住两角，直立，然后放平，反复三次，以不掉砖为合格

（2）墙面装饰板

1）木纹饰面板

应用： 用于墙面装饰的木质板材。

特点： 带有木头的纹理和色彩，充满自然感。胀缩率小，耐磨，抗冲击性好。

选购要点

□看贴面（表皮）的厚薄程度，贴面越厚性能越好、油漆后实木感越真、纹理也越清晰、色泽也越鲜明

□应无透胶现象和板面污染现象；无开胶现象，胶层结构稳定。要注意表面单板与基材之间、基材内部各层之间不能出现鼓包、分层现象

2）水泥板

应用： 可以用在墙体、家具、构造表面，也可以用在卫生间等潮湿环境中。

特点： 可自由切割、悬孔、雕刻的产品，具有一定的防火防水性能，但价格远低于石材。

选购要点

□用 0 号砂纸打磨板材表面，优质产品不应产生太多粉末

□应特别关注水泥板的密度，可以根据板材的质量来判断，优质水泥板的密度为 $1800kg/m^3$

（3）墙面涂料

1）乳胶漆

应用： 用于涂装墙面、顶面等室内基础界面。

特点： 干燥速度快，耐碱性好，色彩柔和，调制方便，易于施工。

选购要点

□ 将桶提起来晃动，听不到声音最好

□ 用木棍挑起乳胶漆，漆液能自然垂落形成均匀的扇面，不应断续或滴落

□ 闻着有淡淡清香的为优质品

□ 用手摸一下，漆液能在手指上均匀涂开，在2分钟内干燥结膜且结膜有一定的延展性

2）艺术涂料

应用： 可用于主题墙面的使用。

特点： 一种新型的墙面装饰材料，无毒、环保、防水、防尘，优质艺术涂料可洗刷，色彩历久常新。

选购要点

□ 取少许艺术涂料与水混合。质量好的艺术涂料，在杯中有明显分层

□ 优质艺术涂料的保护胶水溶液呈无色或微黄色，且较清澈

□ 观察保护胶水溶液的表面，是否有漂浮物，没有则为优质品

4.地面材料选购要点

（1）人造石材

1）文化石

应用： 可用于庭院地面铺装，室内外背景墙铺装。

特点： 质地起伏不平，板材厚实，花色品种多样，规格多样，价格低廉。

🛒 选购要点

☐ 检查吸水性，在表面滴上少许酱油，观察吸收程度（不宜选择吸水性过高的文化石，容易吸附灰尘）

2）聚酯人造石

应用： 主要用于地面局部点缀铺装，台柜铺装。

特点： 质地平和，不透水，表面光滑，硬度不高，可加工成型，花色品种多。

🛒 选购要点

☐ 用0号砂纸打磨，表面磨损不大，没产生明显粉末的为优质品

☐ 放在打火机上烧，不容易烧着且离火后自动熄灭的为优质品

☐ 倒上有色液体10分钟后，能轻松擦洗掉表面颜色

3）微晶石

应用： 主要用于地面铺装。

特点： 密度较大，表面平滑光洁，坚固耐用，价格适中。

🛒 选购要点

☐ 对着光观察，材质为透明或半透明状

（2）地面砖

1）玻化砖

应用：室内大面积空间地面铺装。

特点：表面光滑，比较耐磨，不易磨花，花色品种多，持久耐污染，价格适中。

🛒 **选购要点**

☐ 砖体表面光泽亮丽、无划痕、色斑、漏抛、漏磨、缺边、缺角等缺陷

☐ 敲击瓷砖，声音浑厚且回音绵长如敲击铜钟之声

☐ 正规厂家生产的产品底胚上都有清晰的产品商标，如果没有或者标记特别模糊的建议不要购买

☐ 相同规格的地砖，质量好的砖手感都比较沉

2）仿古砖

应用：室内外地面铺装。

特点：表面凹凸不平，有压纹，花色品种丰富，形态规格多样，装饰效果独特。

🛒 **选购要点**

☐ 把一杯水倒在瓷砖背面，扩散迅速地表明吸水率高；吸水率越高则越不适合用于厨卫区域

☐ 仿古砖的耐磨度从低到高分为五度。家装用砖在一度至四度间做选择即可

☐ 用敲击听声的方法来鉴别，声音清脆的就表明内在质量好，不易变形破碎，即使用硬物划一下砖的釉面也不会留下痕迹

（3）地板

1）实木地板

应用： 主要运用在客厅、书房、卧室等常用空间的地面铺装。

特点： 质地厚实，具有真实感，导热均衡，具有较强的亲和力。

选购要点

□观察企口，合缝严格，用手平抚感到无明显高度差

□表面无死节、活节、开裂、腐朽、菌变等缺陷

□用 0 号砂纸打磨表面，漆膜不会脱落

3）实木复合地板

应用： 除了卫浴间、厨房、阳台等空间以外，都可以使用。

特点： 层次丰富，舒适感较好，综合性能稳定，纹理丰富。

选购要点

□优质实木复合地板的表层厚度一般在 4mm 以上，表层材质和四周榫槽没有缺损

4）强化复合地板

应用：用于室内各空间地面铺装。

特点：结构简单，花色纹理丰富，防潮与耐久性较强，价格低廉。

🛒**选购要点**

☐ 用 0 号粗砂纸在地板表面反复打磨，约 50 次，没有褪色或磨花

☐ 表面光洁无毛刺，背面有防潮层

☐ 拿两块地板试拼一下，企口是否整齐、严密

5）塑木地板

应用：用于阳台、庭院等户外空间铺装。

特点：材质厚实，层次分明，防滑性能好，不耐氧化。

🛒**选购要点**

☐ 硬度不软不硬，拿在手里不能掰弯为合格

☐ 用 0 号砂纸在板材表面打磨，不会产生过度粉末

第9章

重点监工

掌控施工细节，杜绝偷工减料

施工工艺的好坏与家居生活的舒适和安全息息相关。了解基本的施工种类与工艺区分，弄清各个工艺的流程与要点，可以在装修过程中就能够发现问题，减少日后返工的概率，大大节省精力与预算。

01

了解施工流程，
避免工期拖延

　　家居装修流程大体上从水电施工到阳台、厨卫间地面和墙面防水工作，做完防水处理后做保护，再铺贴瓷砖。接着便是卧室、客厅、餐厅、书房刷墙和地板铺设，最后便是门窗、厨卫、灯具和家具的安装。

室内装修流程参考

基础改造	→	水电施工	→	吊顶施工

包括户型改造、墙和门窗拆改、旧房拆改

包括水路施工、电路施工、防水施工

包括轻钢龙骨石膏板吊顶施工和木骨架罩面板吊顶施工

安装施工	←	铺装施工	←	涂饰施工

包括门窗安装施工、卫生洁具安装施工、开关插座安装施工

包括墙砖（马赛克）铺贴施工、地砖铺设施工、木地板铺装施工

包括乳胶漆施工、壁纸施工

1.户型改造

改造原则：在不改动房屋承重结构的基础上，增强空间功能性与舒适性的结合。

改造顺序：如下图。

功能分区为首	采光改善在后	风格优化最后
对于诸如增加一个卧室或书房这样的要求，有时候是非常迫切并不可避免的。这个时候，空间的增加就必须放在第一位	采光的改善是健康生活的最基本因素。一个人长期居住在密不透风、暗无天日的房子里面，再健康的人也会容易生病	漂亮温馨的家居人人都喜欢，但必须结合现实情况。如果家居的功能性都不合理，再漂亮的样式也只是徒有其表

___// ⎔ 改造的限制 //___

（1）建筑主体的柱体、承重墙的限制。

（2）原有管网的限制。最主要的是坐便器的排污口位置的限制。

（3）层高的限制。有一些户型的改造，依赖于足够的层高提供落差，同时确保新的平面层高保持在合理范围内。

2.墙和门窗拆改

（1）不能拆的墙

1）承重墙不能拆

承重墙承担着楼体的重量，维持着整个房屋结构的受力平衡。如果拆除了承重墙，那可就是涉及生命安全的严重问题，所以这个禁忌是绝对不能触碰的。

2）家居中的梁、柱不能拆改

梁柱是用来支撑整栋楼结构重量的，是核心骨架，如果随意拆除或改造就会影响到整栋楼的使用安全，非常危险。

3）墙体中的钢筋是不能破坏的

在拆改墙体时，如钢筋遭到破坏，就会影响到房屋结构的承受力，留下安全隐患。

4）拆预制板墙看房屋结构

对于"砖混"结构的房屋来说，凡是预制板墙一律不能拆除，也不能在上面加门、加窗。特别是24cm 及以上厚度的砖墙，一般这类都属于承重墙，不能轻易拆除和改造。

5）阳台边的矮墙不能拆除

一般来说，墙体上的门窗可以拆除，但该墙体不能拆，因为该墙体在结构上称之为"配重墙"，它起着稳定外挑阳台的作用，如果拆除就会使阳台的承重力下降，严重的可能会导致阳台坍塌。

（2）可以拆的墙

轻体墙、空心板是可以拆的。因为这些墙完全不承担任何压力，拆了也不会对房屋的结构造成任何影响。

如果某处重要墙体确实十分妨碍日常生活，必须要拆除的，必须由原设计单位或者与原设计单位具有相同资质的设计单位给出修改和加固设计方案，方可对承重墙进行拆改。

（3）拆改门窗

拆改原则：在拆除门窗时一定要注意保护好房屋的结构不被破坏，尤其是对于房屋外轮廓上的门窗，此类门窗所在的墙一般都属于承重墙结构。在拆除此类门窗时，必须要谨慎仔细，不可大范围进行破坏拆除。

拆改经验：如下。

注意人身安全	门窗拆除时，一定要确保拆除工人及他人的安全。在拆除之前可以向施工队交代，并要求其做出承诺，必要的时候，应当以书面的形式确定下来，万一出现问题，也可以追究施工方的责任
注意结构安全	因为门窗所在的墙体大多都是房屋的承重结构，因此在拆除时不能破坏周围的结构，否则就会影响房屋的结构安全。宁肯破坏门窗，也不要破坏墙体的结构，如墙内的钢筋

3.旧房拆改

拆改经验：

检查水路管道	一般旧房原有的水路管道大多布局不太合理或者已被腐蚀，所以应对水路管进行彻底检查
重新布线	旧房普遍存在电路分配简单、电线老化、违章布线等现象，已不能适应现代家庭的用电需求，所以需要重新布线
墙地面翻新	砸墙砖及地面砖时，避免碎片堵塞下水道；只有表层厚度达到 4mm 的实木地板、实木复合地板才能进行翻新
增加插座	一定要多加插座，因为旧房的插座达不到现代电器应用的数量，所以这是在旧房改造中必须要改动的
老化门窗更换	如果木门窗起皮、变形，就一定要换。此外，如果钢制门窗表面漆膜脱落、主体锈蚀或开裂，也应拆掉重做

---/// ☌注意事项 ///

（1）排水管特别是铁管要改成 PVC 水管，一方面要做好金属管与 PVC 管连接处处理，防止漏水，另一方面排水管属于无压水管，必须保证排水畅通。

（2）如果发现原有线路使用的是铝质电线，则必须将其全部更换成 $2.5mm^2$ 截面的铜质电线。而对于安装空调等大功率电器的线路，则应单独设置一条 $4mm^2$ 截面的线路，并且必须在埋线时使用 PVC 绝缘护线管。

1.水路施工

施工步骤：

定位

将水管的走向及进出水口的位置标记在墙面上。为了明确一切用水设备的尺寸、安装高度及摆放位置。

弹线

为了确定线路的铺设位置。现在也可用激光标线仪进行更精准的测量。

开槽

用水电开槽机按照弹线的位置开出水管槽路，槽路要求横平竖直，边缘整齐。槽的深度应为 40mm左右。

管路安装

依照冷热水管的走向连接水管，水管需用固定夹固定，以防时间久了之后下垂变形。冷热水管间距应 ≥150mm。

打压测试

PPR水管测压保压时间为 30min，若压力指针下降为0.5kg 内属正常范围。

管路封槽

打压试验顺利结束后，便可用水泥砂浆将槽路填满，为了将管线与后期要铺设的地板或地砖隔绝开来。

防水处理

在全部管线施工顺利完成后需要对用水区域进行防水处理，避免日后使用时发生渗漏殃及楼下。

2.电路施工

施工步骤：

定位 ◇ 　　　定位的目的为明确各种用电设备的数量、尺寸、安装位置，将其需要的电源位置在墙面标出，为后期施工提供依据。

画线 ◇ 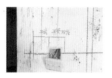　　　为了确定电线线路的走向，以及开关插座的具体位置，便于后期开槽布线。

开槽 ◇ 　　　与水路开槽相同，应横平竖直，边缘整齐。

布管 ◇ 　　　依据开关插座的位置先将暗盒固定在线槽内，其次再将线管固定在线槽内。

穿线 ◇ 　　　将电线穿到线管内，且线管内的电线不能有任何接头，接头均应在暗盒内。

检测 ◇ 　　　电路改造完成后，用万象表检查开关插座等位置，看是否已经通电。

封槽 ◇ 　　　检查完毕确认无误后，即可用水泥砂浆将线槽封住，方便后期墙面找平工作。

安装 ◇ 　　　开关面板的安装应在室内硬装施工完成后进行。安装完成后应再次对所有开关面板进行检测，看是否通电。

3.防水施工

（1）柔性防水

特点： 通过柔性防水材料（卷材防水、涂膜防水等）来阻断水的通路，以达到建筑防水的目的或增加抗渗漏的能力。

施工步骤：

修理基层 　铲除的部分应先修补、抹平，基层如有裂缝和渗水部位，应采用合适的堵漏方法先修复。阴阳角区域、弯位等凹凸不平处需要找平。

墙地面基层清理 　基层表面必须完整无灰尘，应铲除疏松颗粒，施工前可以用水湿润表面，但不能留有明水。

搅拌防水涂料 　先将液料倒入容器中，再将粉料慢慢加入，同时充分搅拌3~5min，至形成无生粉团和颗粒的均匀浆料即可使用。

涂刷防水涂料 　从墙面开始涂刷，然后涂刷地面。涂刷过程应均匀，不可漏刷。

洒水养护 　施工24h后建议用湿布覆盖涂层或喷雾洒水对涂层进行养护。

（2）刚性防水

特点： 刚性防水是以水泥、细骨料为主要原材料，以聚合物和添加剂等为改性材料并以适当配比混合而成的防水材料。

施工步骤：

基层处理 ◇

应将所有裸露在外的管道包裹起来，防止施工时被堵塞。清理原有墙面、地面，不可有异物。

刷防水剂 ◇

先使用防水胶涂刷地面与墙面，待干透后再涂刷一遍。第二遍没有完全干透前，在其表面涂刷一层薄的纯水泥层。

抹水泥砂浆 ◇

水泥砂浆的涂抹厚度为 5~10mm，应先抹立面，后抹地面。

做防水实验 ◇

待防水层干透后，用水泥砂浆做个泥门槛，在防水区域蓄水进行测试，蓄水高1020毫米即可，测试时间为24h，楼下没有发现顶面渗水即为合格。

1.轻钢龙骨石膏板吊顶

施工步骤：

确定标高线位置

找准空间内的基准高度点，之后沿着墙壁四周弹一圈墨线，这便是吊顶四周的水平线，误差不能大于 3mm。

确定造型线位置

根据吊顶造型的图纸测量出吊顶边缘到墙面的距离，从墙面和顶棚进行测量，确定造型边框有特征的点，将各个点连接起来，形成吊顶造型框架线。

确定吊点位置
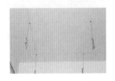
双层轻钢龙骨U形、T形骨架吊点间距≤1200mm，单层骨架吊点间距为 800~1500mm。

吊杆安装

用膨胀螺栓将角钢固定在原顶面。之后再用射钉将钢板固定在原顶面。

安装主龙骨

将主龙骨与吊杆通过垂直吊挂件连接，用专用的吊挂件卡在龙骨槽中，达到悬挂的目的。

安装次龙骨
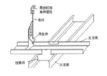
在次龙骨与主龙骨的交叉点使用配套的龙骨挂件将二者连接固定，主龙骨与次龙骨为垂直关系。

安装横撑龙骨

横撑龙骨用中小龙骨截取，其方向与中小龙骨垂直，装在石膏板的拼接处。

121

边龙骨固定		边龙骨沿墙面标高线钉牢，固定时，一般用高强水泥钉，钉的间距≤500mm。
罩面板安装		罩面板大多横向铺装，其在吊顶处平面排布，板与板之间的缝隙为6~8mm。
嵌缝		嵌缝可以用嵌缝石膏粉或穿孔纸带。注意嵌缝石膏粉不可过于黏稠。
涂防锈漆		整个吊顶的石膏板铺装完成后，便可将所有自攻螺钉的灯头涂刷防锈漆，然后用石膏腻子嵌平。

2.木骨架罩面板吊顶

施工步骤：

弹线		查看吊顶设计图纸，确定后开始在吊顶中弹线标记。
安装龙骨		确定间距，并安装主龙骨和次龙骨，并使用膨胀螺栓固定。
检查隐蔽工程		检查并梳理预留在龙骨架中的电线、中央空调等隐蔽工程。
吊顶封板		将石膏板弹线分块，并安装、固定到龙骨中。

1.乳胶漆施工

施工步骤：

墙顶地涂刷
界面剂

原墙面、顶面、地面清理干净，涂刷通用界面剂一遍。

墙顶面墙友
找平

墙顶面批刮墙友并批刮平整，墙面误差应 ≤ 5mm。批刮完一遍之后应用靠尺将整个墙面刮平整。

墙顶面批
墙宝

（墙宝是墙面固化胶，是108胶、界面剂的代替品）

墙顶面批刮三遍腻子，每批完一遍都要阴干再进行下一遍的批刮，完成一遍后需用靠尺将整个墙面刮平。

打磨

三遍腻子批刮完成后需用砂纸打磨一遍使其更加平整。

涂刷底漆

底漆涂刷一遍即可，要均匀。待 2~4h 后便可进行下一步。

涂刷面漆

面漆需要刷两遍，每一遍之间应间隔 2~4h。第二遍面漆刷完之后1~2 天才能完全干燥。

2.壁纸施工

施工步骤：

基层处理
检查墙面的酸碱度，应为中性，且含水率≤ 8%。施工前应在墙体表面涂刷基膜，待彻底干燥后进行施工。

测量
对墙面积进行测量，计算好壁纸的用量。

裁剪
按照墙面的高度以及拼花的要求裁剪，一般需比实际墙面高度长100mm，方便调整。对于有拼花图案的壁纸，最好先拼花再裁剪。

刷胶软化
对于粘贴无纺壁纸来说可以直接把胶涂刷在墙面上。对于其他壁纸来说，壁纸胶要涂于壁纸背面，并对折放置3 ~10min。

粘贴
确定第一张纸的位置，从阴角开始粘贴，粘贴速度要快。

修边清洁
将壁纸用工具压平整，会有胶水漏出来，需用干燥且干净的毛巾擦拭。开关面板处需仔细修整。

1.墙砖（马赛克）铺贴

施工步骤：

基层处理

空鼓裂缝须铲除，墙面涂刷界面剂，使墙面保持干净、整洁、无粉尘。

水泥砂浆抹灰

根墙面批刮32.5水泥砂浆，用于墙面找平，找平厚度应 ≤30mm。

批刮黏接剂

在水泥砂浆抹灰的基础上，根据瓷砖规格选择锯齿刮刀，将瓷砖黏合剂批刮在水泥砂浆抹灰上。

墙砖粘贴

将瓷砖黏合剂用锯齿刮刀涂抹于墙砖上，使其线条与墙面的线条保持垂直，并贴于墙面上。

清洁

粘贴完墙砖应及时清理掉在瓷砖表面上的黏合剂，以防干燥后难以清理。

勾缝

粘贴完24h后，待瓷砖黏合剂彻底凝固时再进行勾缝。

2.地砖铺设

施工步骤：

基层处理  将基层表面的浮土粉尘清理干净。

弹线  根据50mm水平线以及设计图纸确定瓷砖铺贴的标高。

排砖  应先画出排砖图，依据图纸来施工。非整砖尽量铺在角落处，有地漏的空间应注意坡度走向。

铺砖  为了确定位置与标高，应先从门口处开始铺砖。找平层应洒水湿润，均匀涂刷素水泥砂浆。

拔缝、修整  每铺完2~3块，应检查一遍瓷砖的平整度以及缝隙是否笔直，如有偏移应立刻修整。

勾缝  应在地砖铺贴完24h后进行勾缝的工作。用勾缝剂将地砖与地砖之间所有的缝隙都填补起来。

养护  铺砖完成24h后应进行洒水养护，时间不应少于7天。

3.木地板铺装

（1）龙骨架空法

施工步骤：

基层处理

将原水泥地面高低不平的部分铲平，浮土清理干净。

找平

地面高度差如果过大，可用射钉将垫木固定于混凝土基层，再将木龙骨固定于垫木上。

弹线

用墨线弹出龙骨应铺设的位置，每条龙骨的间距不应大于 350mm。

铺设龙骨

龙骨应选用干燥的硬质木条，间隙不得大于 350mm，木龙骨高度不得低于 15mm。

铺防潮垫

在木龙骨按位置铺设完成之后，在其上方铺上一层防潮垫，防止地面的湿气影响木地板。

铺装木地板

木地板应错位铺装，每块木地板与龙骨接触的部分均需用地板钉或气钉固定。每铺完 3~5 行拉线检查一次，若不直，可及时调整。

（2）悬浮铺设法

施工步骤：

基层处理

水泥砂浆找平，待地面干燥后，清理表面浮土。

铺防潮垫

将防潮垫铺于水泥层上，以隔绝湿气，保护木地板。

铺装木地板		木地板直接铺于防潮垫上，错位拼接，与墙面之间要留有 10~12mm 的伸缩缝，用弹簧固定。

第六步：安装施工

1.门窗安装

（1）铝合金门窗安装

施工步骤：

清理门窗洞口		安装前应将门窗洞口的浮土粉尘清除并使其表面保持平整。
固定窗框		在门窗洞基层上打孔，打入膨胀螺栓，以此来固定窗框。
检查是否安正		测量窗框的两条对角线，若尺寸相同，则安装正确。
打泡沫胶		在窗框与墙体之间的缝隙中打入泡沫胶，以便黏接得更牢固。
安装窗扇及其他配件		待窗框与墙体黏接牢固后，即可安装窗扇、纱窗等配件。
安装密封条		窗扇装好后安装密封条，主要起防水、隔热、防尘等作用。
打玻璃胶		在窗框与墙体接触的边缘打玻璃胶，防止雨水渗漏。

（2）塑钢门窗安装

施工步骤：

画线定位　根据图纸，在现场确定好门窗安装的尺寸高度，画线标记。

门窗安装　依据画线的位置，将塑钢门窗框放进门窗洞口。

嵌入密封胶　在门窗框与墙体之间涂满密封胶。

防腐处理　在塑钢门窗四周涂刷防腐涂料，且防腐涂料不可与门窗直接接触，防止产生化学反应腐蚀门窗。

安装固定　防腐涂料涂刷完毕后将门框进行固定。调整好水平角度以及对角后可用木楔钉入门窗框与墙体之间进行临时固定，之后用射钉将门窗框固定在墙体上。

安装玻璃及其他配件　窗框固定好之后便可安装玻璃和纱窗以及其他配件。

2.卫生洁具安装

坐便器安装施工步骤：

对准管口

将地面的排污管与坐便器的排污管对准。

打孔洞

根据坐便器底座的外围尺寸，在地面画出坐便器底部需要固定的孔洞的位置，并用冲击钻打孔。

安装底座

将膨胀螺栓钉入地面打好的孔洞中，并将坐便器底部套入膨胀螺栓并拧紧螺母使坐便器就位。

安装水箱
（连体坐便器与智能坐便器不需要此步骤）

根据水箱的安装高度以及水箱后方孔洞的位置在墙面相应的位置上打孔并钉入膨胀螺栓，然后将水箱放置在需要安装的位置，使后方的孔洞套入膨胀螺栓，之后用螺母固定即可。

安装连接管

安装水箱内部与坐便器之间的连接管，以及进水管与水箱底部之间的连接管。进水管处应安装进水控制阀门。

检查排污能力

各类零部件全部安装好之后，放水，检查坐便器的排污能力。

打密封胶

确认坐便器功能没有问题之后，用油灰或硅胶等黏接性强的胶类将坐便器底座与地面黏接在一起。

3.开关插座安装

施工步骤：

关闭总开关 ◇ 　为了安全，先将强电箱总开关关闭再进行安装工作。

检查开关插座面板 ◇ 　要仔细观察面板是否有损坏开裂等现象。

清洁开关插座盒底 ◇ 　将盒底内部的灰尘异物清理干净，以免影响开关电路的使用情况。

安装电线开关 ◇ 　用剥线钳剥掉一定长度的火线、零线、地线的绝缘层，并将剥离后的导线与插座开关相连接，之后用螺丝刀拧紧即可。

固定插座开关 ◇ 　将线接完后，把开关面板固定在接线盒处，保持水平并用螺丝刀固定，最后再盖上装饰面板即可。

检查开关插座是否正常通电 ◇ 　安装完成之后，用电源检测仪对每个开关插座进行检验，看是否通电、是否能正常使用。

02

不同施工工艺，
细节检查有区分

施工工艺的分类与家装施工流程相同，分别为：拆除施工、新建施工、水电施工、木工施工、瓦工施工、油工施工、安装施工等。每一种工艺，都有其自身需要仔细检验的细节。只有施工时将细节把控好，才能最大限度地减少后期居住的隐患。

1.拆除施工

□墙面拆除时，在贴砖的部位，一定要让工人将墙皮彻底铲掉，直到露出内部的砖墙为止，否则瓷砖后期黏接不牢固，容易脱落。

□拆除过程中，仔细查看室内墙体、梁、地面等部位有无裂缝。

□门窗所在的位置大部分为房屋的承重结构，在拆除时应重点检查是否破坏了建筑基层结构。

□旧房在拆除墙地砖时，要格外注意查看碎片是否堵塞了下水道。

2.新建施工

□检查新砌墙体厚度，在其侧面观察整面墙体是否平直。

□检查砌墙时是否在墙体内部有拉结筋。

□在墙体抹灰时应检查是否铺挂了铁丝网。

3.水路施工

☐检查开槽是否顺直。

☐检查水管走向是否合理，是否存在多走管的现象。

☐检查冷热水管之间的间距是否过近，正常情况下两者之间的距离为150mm。

☐检查水路管件接头处是否紧实，有无漏水现象。

☐检查出水口处是否平整。

4.电路施工

☐检查电路开槽时是否损坏了原承重墙的钢筋。

☐检查电管的走向是否横平竖直。

☐检查电管有无在墙面斜着走的现象。

☐检查是否有横向开槽，若有，则长度不能超过300mm。

☐检查线管内部电线的数量是否过多。电线的横截面积不应超过线管横截面积的40%。

5.吊顶施工

☐检查吊顶工程所呈现的效果与图纸是否一致。

☐安装龙骨时，在现场检查龙骨的安装密度是否符合标准。

☐检查吊顶棱角是否平直，有无明显磕痕。

6.瓦工施工

（1）防水施工

☐检查卫生间防水涂层的涂抹高度，淋浴区应高于地面1800mm，其他区域应高于地面300mm。

☐检查防水涂料涂刷是否均匀，查看有无漏涂现象，角落处要查看得更加仔细。

☐闭水实验完成时询问楼下邻居是否有渗漏现象。

（2）墙地砖铺贴

☐ 贴砖之间检查墙面是否平整。

☐ 检查贴好的墙砖、地砖边线是否横平竖直。

☐ 检查墙砖、地砖是否有空鼓现象。

☐ 检查墙砖、地砖是否存在边角破损、内部开裂等现象。

☐ 检查卫生间、厨房的阴阳角处墙砖粘贴得是否笔直，砖缝大小是否统一。

7.油漆工施工

（1）乳胶漆施工

☐ 光线充足时，检查墙面是否平整，有无波浪纹。

☐ 检查开关、插座等部位乳胶漆的涂刷是否均匀，有无结垢痕迹。

☐ 检查阴阳角处的乳胶漆涂刷是否平整。

☐ 检查乳胶漆表面是否光滑，有无颗粒状物质存在。

（2）壁纸施工

☐ 检查壁纸表面是否有破损、污损痕迹。

☐ 检查壁纸连接处是否有明显的缝隙。

☐ 检查开关插座处的壁纸粘贴是否整齐。

☐ 检查壁纸内部是否有起泡现象（这一步骤可在光线充足时进行）。

8.安装施工

（1）木地板安装

☐ 检查木地板安装是否存在空鼓现象。

☐ 检查木地板安装时是否有翘边情况。

☐ 检查木地板是否存在较大色差。

（2）木门安装

□检查门板与门框之间的门缝是否顺直。

□检查门锁是否能正常开关。

□开关门时检查合页是否顺畅，注意是否存在卡顿现象。

（3）铝合金、塑钢门窗安装

□检查门窗是否垂直于台面，有无歪斜情况。

□检查室外的密封玻璃胶，是否将门窗框与周围基层紧紧黏接在一起，是否有缝隙裸露。

□若是多层玻璃，看玻璃内部是否有水汽存在，若有，则说明玻璃漏气。

□检查门窗是否能正常开关，把手以及其他五金件的安装是否符合规范。

（4）铝扣板吊顶安装

□在安装龙骨时应检查吊顶内部的管线是否被破坏。

□检查铝扣板吊顶是否水平，整体有无歪斜情况。

□检查照明通风取暖功能是否都能正常使用。

□检查铝扣板吊顶所有功能的开关是否能正常使用。

（5）坐便器安装

□检查坐便器安装是否存在歪斜情况。

□检查坐便器底部与地面连接处是否涂抹了密封胶。

□检查冲水阀门是否能正常使用。

□检查坐便器釉面是否保持完好，安装时有无破损痕迹。

（6）开关插座安装

□检查开关面板是否有松动迹象。

□检查开关面板是否能控制用电器。

□检查插座是否能通电。

03

认识常见施工错误，早发现早规避

　　装修施工是一个繁杂的过程，施工质量与现场环境、装修材料、人工操作等都有很大关系，即使过程中监管再仔细，也会不可避免地出现一些问题。作为业主，在施工前也应对一些比较容易出现的问题有大概的了解，必要时可自己解决，这样可以在装修施工完成前规避错误，免去后顾之忧。

1.拆除施工常见错误

☐是否出现墙体歪斜不平整

`解决方法` 砖砌隔墙施工时要在现场观察墙体是否笔直，若发现有歪斜情况应立刻向施工方说明要求返工。

2.水路施工常见错误

☐是否出现排水管堵塞

`解决方法` 首先关上水龙头，以免堵塞处积水更多；其次清理排污管口产生的施工垃圾异物；最后打开水龙头，用水流冲掉多余的异物。

☐是否出现水管漏水

`解决方法` 若水管接头本身有问题，只能更换新的；若是接头处漏水，可将接头拆下，接头处涂上厚白漆再缠上麻丝后组装在一起。如果是胶接或者熔接处漏水，则需要让水电工人进行维修。

3.电路施工常见错误

☐是否发现电管走向歪斜

解决方法 应在工人开槽时去施工现场监督，看到斜向开槽的情况要立即制止。

☐是否发现家用电器经常跳闸

解决方法 在电路施工进行到穿线这一步时，需要去现场检查电线横截面积的大小。大功率用电器所需的电线不能小于 $4mm^2$，入户电线应为 $6mm^2$。

☐是否出现打开开关灯却不亮的情况

解决方法 在线路接好时，需要现场查看与用电器对应的开关是否能正常使用，若不能则要当场令工人修改线路。

4.木工施工常见错误

☐发现顶面出现裂缝

解决方法 在顶面施工时去现场查看吊顶的安装是否符合规范，尤其是每块石膏板之间的接缝处是否已经用嵌缝石膏粉或穿孔纸带处理好。

☐发现顶面不平

解决方法 在顶面完成基层处理时，应去现场查看顶面的平整度，可利用肉眼查看、拉线尺量等方式检测。应及时发现不平整的地方，之后让工人随时修改。

5.瓦工施工常见错误

☐出现墙面空鼓、开裂

解决方法 在墙面进行水泥砂浆抹灰时，应观察墙面是否捕挂了铁丝网，捕挂之后再正常进行抹灰施工。

□发现水泥砂浆层产生析白现象

解决方法 若存在析白应使工人在搅拌水泥时注意,在保持砂浆流动的状态下加减水剂来减少砂浆的用水量。也可加入分散剂,不会出现成片的析白现象,而是会出现均匀的轻微的析白。

▲析白现象

6.铺贴施工常见错误

□出现空鼓问题

解决方法 在贴砖之前,应检查基层是否干净,是否有异物存在于墙面。检查水泥的储存条件是否合格(未开封的水泥要放在干燥的地方,不能接触水)。之后再观察水泥的出厂日期,一般超过 3 个月就不可继续使用。

□出现爆裂起拱现象

解决方法 在贴砖工程进行时,观察砖缝的大小,若过于窄小则要求工人将缝隙留得大一些。

□能够一眼见到的地方非整砖过多

解决方法 墙地砖铺贴前,应向施工方要排砖图,使其严格按照图纸施工,且监督时应注意,非整砖要铺贴在不显眼的地方。

7.油漆工施工常见错误

□出现透底

解决方法 仔细观察油漆中的水分是否过多。水与油漆比例太大则油漆过于稀薄便会出现透底问题。

□出现漆膜内颗粒较多、表面粗糙

解决方法 用砂纸将颗粒打磨平,之后再重新刷一遍漆。

☐ **出现漆膜开裂**

解决方法 若是轻度的涂料层、腻子层开裂，可用砂纸打磨平整后重新涂刷；若是严重的基层开裂，则业主需要要求装修工人进行墙面处理时补挂铁丝网或贴的确良布，亦或是在墙体基层开裂处粘贴乳胶贴布或牛皮纸。

8.安装施工常见错误

（1）木地板安装

☐ **踩上去有明显的声音**

解决方法 在木地板铺装时，查看地面木龙骨的间距是否过大，若间距太大，木地板的承重会受影响，会产生踩踏变形的情况，自然会发出声响。检查铺装木地板使用的防潮垫是否完好无损，以免地面潮气向上侵入木地板。

☐ **出现明显色差**

解决方法 木地板铺装时最好在现场，观察色差大小，应将颜色差别较大的木地板铺装在床下或衣柜下等不显眼的地方。

（2）铝合金、塑钢门窗安装

☐ **出现尺寸不准**

解决方法 门窗尺寸最好先测一遍，制作之前再复测一遍以保证尺寸准确。在安装前业主也应检查实际的门窗尺寸与设计图纸是否一致。

☐ **出现渗漏**

解决方法 在门窗安装好工人进行打密封胶的工序时，需要仔细观察胶打得是否均匀，是否存在有的地方多有的地方少的情况。

（3）铝扣板安装

☐ **出现安装不牢固**

解决方法 在铝扣板施工时，应在现场用手或借助其他工具轻轻碰一下已安装好的铝扣板，若是很容易就被推上去，则说明安装工人忽略了这个问题，应提醒对方将铝扣板边角打开。

□个别铝扣板之间有缝隙

解决方法 铝扣板安装时，业主应观察其接缝处，发现有缝隙的情况应及时与工人沟通让其第一时间调整。

（4）柜体安装

□橱柜台面不平

解决方法 需要在橱柜安装现场观察，感受台面的平整度，若是不平整，则需要安装工人用水平尺去具体测量橱柜的平整度偏差大小，之后通过调整底部的柜子腿来实现整体的平整度。

□抽屉推拉不畅

解决方法 橱柜安装过程中对板材的切割会产生灰尘颗粒等污染物，在安装时应监督工人将抽屉拿出来用胶带把导轨边封好，避免灰尘落入。安装时再擦拭一遍重新装入即可。

（5）卫生洁具安装

□洗手池的水经常溅出

解决方法 在购买洗手池时应该考虑到水龙头水流强度与洗手池深度的比例问题。一般来说，洗手池的深度与水龙头水流的强度呈正比，深度较深的洗手池应搭配水流强度强的水龙头，不可在底部较浅的洗手池上安装水流强的水龙头，否则使用时水会溅到身体上。

□坐便器排水不畅

解决方法 坐便器安装完成之后应在现场试用一次，若发现问题可以让工人现场重装坐便器。

□淋浴房出现玻璃自爆

解决方法 应在购买淋浴房时去正规的商家购买并查看其合格证书，同时在工人进行淋浴房安装时业主应在现场监督，看其安装尺寸是否有偏差。

第 **10** 章

完工验收

亲自检验，对居住空间负责到底

装修验收是家庭装修的重要步骤，对装修中的各个部分进行阶段性控制可以避免装修后期一些质量问题的出现。并且每个阶段的验收项目都是不相同，尤其是中期阶段的隐蔽工程验收，对家庭装修的整体质量至关重要。

01

了解验收重点，
规避验收误区

　　施工过程大体分为三个阶段，工程初期、工程中期以及工程后期，且装修施工是一环扣一环的，前一道工序施工完成后，下一道工序才能开始。每一道工序的完成质量都是下一道工序的前提保障。因此每一步的施工验收都是极其重要的，我们在每一道工序大体完成后，去现场检验结果。

常见验收工具

垂直检测尺	游标卡尺	响鼓锤	万用表
可以用来检测墙面、瓷砖是否平整、垂直；检测地板龙骨是否水平、平整	可具体应用在测量工件宽度、测量工件外径、测量工件内径、测量工件深度四个方面	锤尖用来检测石材面板或陶瓷面砖的空鼓面积；锤头用来检测较厚的水泥砂浆找坡层及找平层	不仅可以用来测量被测量物体的电阻，交流、直流电压，还可以测量直流电压

1.初期验收

检验重点：主要检验所使用的施工材料是否合格。

2.中期验收

检验重点：主要对硬装部分进行验收，即检查拆除、新建、水路、电路、木工、瓦工、油工这几类工序。

3.后期验收

检验重点：主要对中期项目的收尾部分进行检验。后期检验需要业主、设计师、工程监理、施工负责人四方参与，对工程材料、设计、工艺质量进行整体检验，合格后才可签字确认。

检验内容：如下。

电路主要查看插座的接线是否正确以及是否通电，卫浴间的插座应设有防水盖

除了对中期项目的收尾部分进行检验，业主还应检验地板、塑钢窗等尾期进行的装修项目

检查有地漏的房间是否存在"倒坡"现象。打开水龙头或者花洒，一定时间后看地面流水是否通畅，有无局部积水现象

02

局部验收要细致，
及时填写验收清单

在房屋装修过程中及施工结束后都会涉及验收，验收的好坏可以影响日后生活的便利性，排除掉不合格的装修工程，减少后期返工。我们一方面可以请专业人士来进行验收，也可以通过了解验收重点，自己进行验收。

1.拆除施工验收

1	检查承重墙、阳台、窗框等是否被破坏	□是 □否
2	检查保持原样不改动的水电线路是否被破坏	□是 □否

2.水路施工验收

1	应注意明管、主管外皮距离墙面的距离一般为 25~35mm	□是 □否
2	卫生器具采用下供水，甩口距离地面应为 350~450mm	□是 □否
3	应注意冷热水管的间距 ≥ 150mm	□是 □否
4	阀门应注意要沿流水方向，低进高出	□是 □否

3.电路施工验收

1	所有房间的灯具、开关插座、电话、网络正常使用	□是 □否
2	应要求施工方出具所有房间的电路布置图并标明导线规格及线路走向	□是 □否

4.吊顶施工验收

1	应检查吊顶的标高、尺寸、起拱和造型是否符合设计要求，是否与图纸保持一致	□是 □否
2	要检查金属吊杆、龙骨表面是否进行了防腐处理；木龙骨应进行防火以及防腐处理	□是 □否
3	检查石膏板的接缝处是否进行了板缝防裂处理	□是 □否
4	金属龙骨的接缝处应保持平整、吻合、颜色一致，不得有划伤、擦伤等表面缺陷	□是 □否

5.墙地面贴砖施工验收

1	应检查墙地砖的品种、规格、颜色和性能是否与购买时所见到的一致	□是 □否
2	应检查墙砖的粘贴是否牢固，有无脱落现象	□是 □否
3	墙地砖表面应平整洁净，色泽应保持一致，无裂痕以及缺损现象	□是 □否
4	应检查有地漏与管道存在的空间地砖的铺贴是否有坡度，应做到不倒泛水、无积水，且与地漏、管道结合处应严密，无渗漏	□是 □否

6.乳胶漆施工验收

1	检查所用乳胶漆的品种、型号和性能是否与购买时相符合	□是 □否
2	检查墙面的乳胶漆涂刷是否均匀、是否黏接牢固，有无漏涂透底现象，有无起皮、掉粉、开裂现象	□是 □否

7.壁纸施工验收

1	应检查壁纸的粘贴是否有漏贴、补贴、脱层、翘边等现象，壁纸的黏接应牢固	□是 □否
2	应检查壁纸与各种装饰线条以及开关面板等黏接处是否整齐严密	□是 □否

8.地板安装验收

1	检验其面层铺设是否牢固，有无空鼓	□是 □否
2	检验木地板的颜色和图案是否符合设计要求，其颜色应均匀一致，板面无翘曲现象	□是 □否
3	木地板的接头处错开，缝隙要严密，表面要洁净	□是 □否

9.铝合金门窗、塑钢门窗安装验收

1	检查塑钢门窗扇的开启是否灵活、关闭是否严密，检查推拉门窗扇是否有防护措施	□是 □否
2	检查塑钢门窗框与墙体的连接处是否用密封胶进行处理，且密封胶表面是否光滑顺直，有无裂缝等	□是 □否
3	检查塑钢门窗表面是否洁净、平整光滑，是否存在划痕碰伤等现象	□是 □否

10.铝扣板吊顶安装验收

1	检查铝扣板表面是否平整、洁净，有无色差、裂痕以及缺损等情况	□是 □否
2	检查轻钢龙骨的吊杆以及龙骨的安装位置是否正确，连接是否牢固，有无松动现象	□是 □否

11.坐便器安装验收

1	检查坐便器的进水阀进水以及密封是否正常，排水阀是否有卡阻及渗漏	□是 □否
2	检查冲水箱内溢水管的高度是否低于扳手孔 30 ~ 40mm	□是 □否
3	检查角阀连接口处是否有渗漏、箱内自动阀开启是否灵活	□是 □否

12.开关插座安装验收

1	检查插座的接地保护线措施及火线与零线的安装位置是否符合标准	□是 □否
2	检查插座使用的漏电开关是否灵敏	□是 □否

第11章

软装入场

合理搭配，提升家居"颜值"

在家居装饰中，后期配饰是为家居环境提升美观度的点睛之笔。家居饰品可以根据居室空间的面积大小、户型结构、生活习惯、兴趣爱好和各自的经济情况，从整体上综合策划装饰装修设计方案，体现出主人的个性品位。

01

熟知家具尺寸，
无差错匹配空间

家具的款式挑选确实很重要，但是家具的尺寸也万万不能忽视，太大或太小都容易造成使用体验变差甚至安装困难的情况产生。另外，在选择家具的时候不光要考虑家具本身的尺寸，还要为实际活动预留出一定的空间，要保证合理的间距，让使用更自如方便。

1.沙发

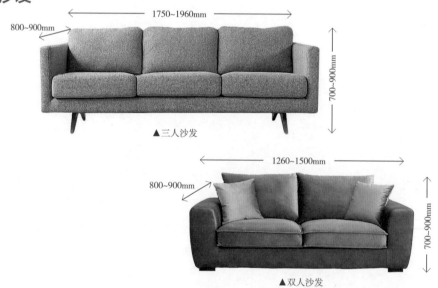

▲三人沙发

▲双人沙发

—// ⚐ 布置技巧 //—

在选择沙发时，长度最好占墙面的1/3~1/2。例如，靠墙为6m，那么沙发长度最好在2~3m，并且两旁最好能各留出50cm的宽度，用来摆放边桌或边柜。

2.椅子

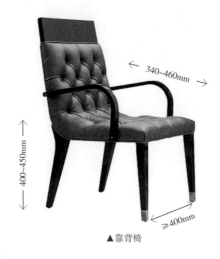

340~460mm

400~450mm

≥400mm

▲靠背椅

---// ⚲布置技巧 //----

餐桌椅摆放时应保证桌椅组合的周围留出超过1m的宽度，方便让人通过。

3.床

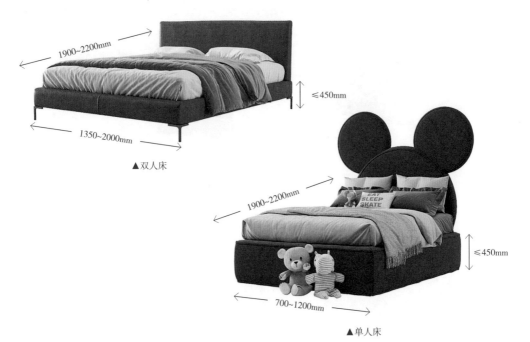

1900~2200mm

≤450mm

1350~2000mm

▲双人床

1900~2200mm

≤450mm

700~1200mm

▲单人床

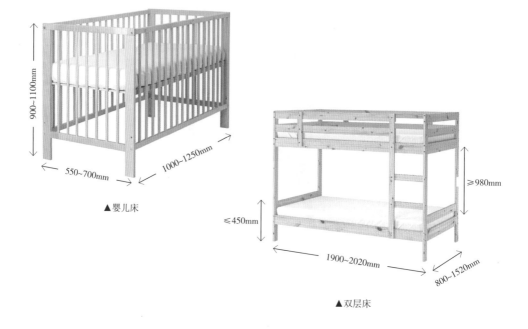

900~1100mm

550~700mm 1000~1250mm

▲婴儿床

≥980mm

≤450mm

1900~2020mm 800~1520mm

▲双层床

4.桌几

380~800mm 600~1800mm

380~500mm

▲茶几

—/// ⚱ 布置技巧 ///——

　　茶几的摆放要合乎人体工程学，茶几跟主墙最好留出90cm的走道宽度；茶几跟主沙发之间要保留30~45cm的距离（45cm的距离为最舒适）。

▲长方桌

▲圆桌

▲正方形桌

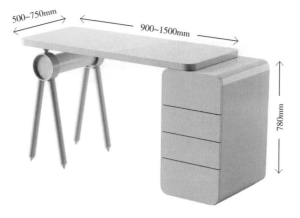

▲单柜书桌

▲双柜书桌

▲站立式工作桌

5.收纳柜

▲五斗橱

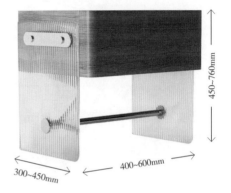

▲床头柜

▲三门衣柜

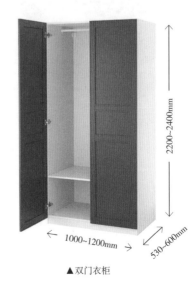

▲双门衣柜

350~400mm

600~1000mm

800~1800mm

▲餐边柜

// ⚡ 布置技巧 //

餐边柜与餐桌椅之间要预留 80cm 以上的距离，这样才不会影响餐厅功能，令动线更流畅。

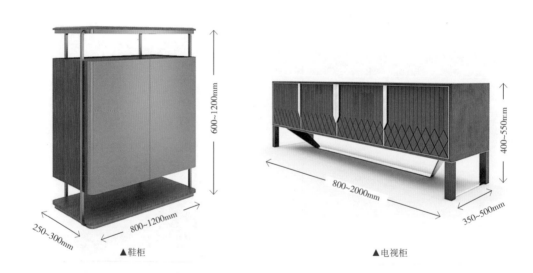

600~1200mm

250~300mm

800~1200mm

▲鞋柜

800~2000mm

350~500mm

400~550mm

▲电视柜

// ⚡ 布置技巧 //

电视柜的高度以眼睛平视焦点为中心略低的高度最为合适。例如，电视机上端高度为1.2m，那么电视柜的高度一般不超过 0.6m。

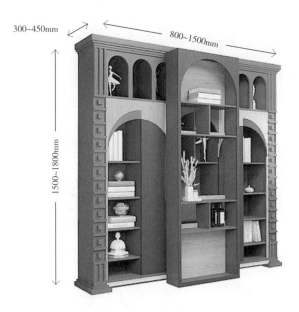

300~450mm

800~1500mm

1500~1800mm

▲装饰柜

450~1200mm

250~300mm

可根据空间规划

▲玄关装饰柜

1200~2200mm

600~900mm

300~400mm

▲书柜

02

选用亮眼装饰，
将品位展现在居室之内

　　合理、亮眼的装饰可以对房间进行再次地装点和布置，使空间变得丰富起来。室内环境的氛围和风格大部分是依靠软装饰来营造的，如果没有恰当的软装，空间的装饰效果会大打折扣，所以选择正确的装饰品不仅能体现个人品位，也能烘托氛围。

1.布艺织物

（1）窗帘

平开式窗帘

◎款式简洁，价格比较便宜

◎适合风格：基本上适用于每种风格

掀起式窗帘

◎把窗帘掀向两边，形成漂亮的弧线，起到装饰作用

◎适合风格：简欧风格、中式风格

罗马帘

◎能够打造出雍容华贵的效果

◎适合风格：欧式古典风格、田园风格、乡村风格

半悬挂式窗帘

◎装饰性较强

◎适合风格：美式风格、欧式风格、田园风格、乡村风格

气球帘

◎通过绳索套串实现上下移动，呈现出随性闲适的美感

◎适合风格：适合风格：美式风格、田园风格、现代风格

绷窗固定式窗帘

◎不占用空间，能够适应各种窗户

◎适合风格：田园风格、日式风格

（2）地毯

羊毛地毯

◎柔软舒适，厚实保暖；不带静电，具有天然的阻燃性

◎适合范围：追求精致、典雅氛围的居室

化纤地毯

◎耐磨性高，不易脱毛，价格便宜，清洗方便

◎适合范围：走廊、楼梯、客厅等走动频繁的区域

混纺地毯

◎保温、耐磨，防静电效果好

◎适合范围：儿童房、老人房

橡胶地毯

◎色彩鲜艳，柔软耐用，价格低廉，可直接刷洗

◎适合范围：浴室、厨房等容易产生污垢的空间

麻质地毯

◎质感粗犷，阻力大，防滑效果好

◎适合范围：乡村风格、东南亚风格、地中海风格等

牛皮地毯

◎装饰效果突出，适合表现奢华感，价格偏高，需要保养

◎适合范围：现代风格、工业风格等

1）根据不同空间选择

不同的空间里，地毯的功能也不尽相同。例如，玄关处的地毯被踩踏频率较高，最好选择高密度、抗污性强的地毯；客厅地毯观赏性高，应该配合家具的尺寸和色彩图案来选择。

▲玄关选择耐磨又好看的地毯比较适合　　▲客厅地毯主要起装饰作用，但也要方便清洁

2）根据采光条件选择

如果采光条件较好，深色可以中和强烈的光线，增加温和感；但如果室内采光面积较小，最好选择橙色、棕色等偏暖的地毯，会显得更加明亮。

3）根据空间色彩选择

地毯色彩的选择最好以空间主色为基准，这样搭配比较保险，不会出错。

▲由于空间色彩较多，所以地毯选择了与地砖相近的灰色，这样不会显得凌乱

（3）抱枕

1）对称摆法

特点：靠枕无论是花色还是尺寸均成对称式摆放。

摆放技巧：可以根据场所的长度具体选择数量，常用的有1+1、2+2、3+3 等组合方式。

2）非对称摆法

特点：具有变化但又不容易显得凌乱。

摆放技巧：统一使用一种尺寸或同一种色调的靠枕，更容易获得协调感。

3）多层摆法

特点：从内向外摆放多层靠枕。

摆放技巧：里层的靠枕尺寸应大一些，越向外越小，不仅层次分明、美观，使用起来也更舒适。

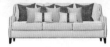

（4）床品

纯棉类
特点：手感好，使用感舒适。 适合风格：现代风格、简约风格、北欧风格、新中式风格等。

真丝类
特点：吸湿性、透气性好，触感柔滑，不刺激皮肤。 适合风格：中式古典风格、欧式古典风格、法式奢华风格。

麻类
特点：含有特殊化学物质，有效减少细菌增生，着色性能好，有生动的纹路。 适合风格：田园风格、地中海风格、日式风格等。

磨毛类
特点：保暖性能好，不易起球、褪色。 适合风格：简欧风格、现代风格、工业风格。

1）与居室风格一致

根据卧室的风格来选择对应色彩、图案的床品，最容易获得协调的视觉效果。例如田园风格选择格纹、碎花的床品，现代风格选择抽象几何图案的床品等。

2）从墙面或家具上取色

如果想要做一些混搭，不想与卧室保持整体风格的一致，为了保证效果的协调性，还可以从家具或墙面上取一种色彩，让其呈现在床品上。

▲床单的灰色与墙面和床呼应，所以即使使用了粉色搭配也不会觉得突兀

2.工艺装饰品

（1）工艺装饰品分类

木质摆件

◎材质原始，古朴有质感

◎适合风格：沉稳、有自然韵味的居室

陶瓷摆件

◎寓意美好，质感光滑细腻，观赏性

◎适合风格：中式古典风格、新中式风格等

金属摆件

◎结构坚固、造型百变

◎适合风格：工业风格、简欧风格、现代风格、简约风格

玻璃摆件

◎晶莹透明，反射光线后更华丽夺目

◎适合风格：简洁明快的现代居室

树脂摆件

◎可塑性高，造型逼真，价格实惠

◎适合风格：几乎适用于任何装饰风格

（2）工艺装饰品布置要点

1）根据环境摆放工艺品

工艺品在不同空间环境选择也大不相同。卧室中的工艺品尽量柔软安全，避免误伤；书房的工艺品应以能营造文化氛围为主；卫浴间的工艺品既要美观也要实用耐潮。

▲客厅的工艺品要能与选择的风格配合

2）工艺品摆放注意尺度

工艺品的摆放可以参照家具的大小、风格来决定。比如色彩鲜艳的工艺品宜放在深色家具上；电视柜上不能摆放过多工艺品，避免造成杂乱感。

▲餐厅整体氛围比较素雅干净，因此选择体积较小、色彩稍微突出的小饰品点缀

3）利用灯光烘托

如果想使心仪的工艺品脱颖而出，那么利用灯光照明是不错的选择。随着投射的颜色、方向的不同，呈现的展示效果也不同。

◀利用灯光不仅能将玄关中心转移，还能为玄关增补光线

3.装饰画

（1）不同材质的装饰画

1）油画

特点： 题材一般为风景、人物和静物，色彩明快亮丽，主题传统生动，具有贵族气息。

适合风格： 现代风格、欧式风格、法式风格、美式风格、田园风格、地中海风格。

2）水墨画

特点： 以水和墨为原料作画的绘画方法是中国传统式绘画，也称国画，画风淡雅而古朴，讲求意境的塑造。

适合风格： 中式风格、新中式风格。

3）丙烯画

特点： 丙烯画是用丙烯颜料制成的画作，色彩鲜艳、画面不反光，具有非常高级的质感，是所有绘画中颜色最饱满、浓重的一种。

适合风格： 现代风格、欧式风格、新中式风格、法式风格、美式风格、田园风格、地中海风格。

4）水彩画

特点： 水彩画从派别上来说与油画一样，同属于西式绘画方法，具有淡雅、透彻、清新的感觉。

适合风格： 所有家居风格。

5）镶嵌画

特点： 镶嵌画是指用各种材料通过拼贴、镶嵌、彩绘等工艺制作成的装饰画。具有非常强的立体感，装饰效果十分个性。

适合风格： 现代风格、中式风格、新中式风格、美式风格、田园风格。

6）木质画

特点： 木质画的原料为各种木材，经过一定的程序雕刻或胶粘而成。

适合风格： 现代风格、中式风格、新中式风格、东南亚风格。

7）摄影画

特点： 摄影画是近现代出现的一种装饰画，画面包括"具象"和"抽象"两种类型，具象通常包括风格、人物和建筑等，此类装饰画适合搭配造型和色彩比较简洁清爽的画框。

适合风格： 所有家居风格。

（2）不同材质的画框

1）金属框

特点： 根据制作工艺的不同，效果
非常多样，或现代，或古朴厚重，可低
调可奢华，可选择性较多。

适合风格： 现代风格、简约风格、
新中式风格、美式风格、田园风格、地
中海风格。

2）实木框

特点： 装饰效果低调、质朴，适合
搭配各种色彩的画作，颜色多为木本色
或彩色油漆。

适合风格： 所有风格。

3）树脂框

特点： 可以仿制很多其他材料的质
感，例如金属，效果非常逼真。款式多
样，是一种非常具有观赏价值的画框。

适合风格： 法式风格、美式风格、
田园风格、地中海风格。

（3）装饰画的布置形式

1）单幅摆放

◎适合摆放在主要起装饰作用的桌、台、几面上。
◎此种方式适合尺寸较大的装饰画。
◎可同时与花艺、工艺品等其他饰品组合。

2）多幅摆放

◎多幅摆放可分为三种形式：水平摆放、底部和高度平齐或底部平齐但高度不平齐摆放。
◎比起悬挂布置来说，可选择性较少，但可以加入工艺品或花艺。

3）单幅悬挂

◎能够让人的视线聚焦到悬挂位置上，让装饰画成为视觉中心。
◎面积小和面积大的墙面均可使用此种方式。
◎除需要覆盖整个墙面的类型外，装饰的四边都应留有一定的空白。

4）重复式悬挂

◎此种方式是将三幅或四幅造型、尺寸相同的装饰画平行悬挂，作为墙面的主要装饰。
◎面积小和面积大的墙面均可使用此种方式。
◎三幅装饰画的图案包括边框应尽量简约。

5）水平线式悬挂

◎此种方式适合相框尺寸不同、造型各异的款式。

◎可以以画框的上缘或者下缘定一条水平线，沿着这条线进行布置，一边平齐即可。

◎适合面积较大的墙面。

6）对称式悬挂

◎此种操作方式是将两幅装饰画左右或上下对称悬挂。

◎适合同系列画面但尺寸不是特别大的装饰画。

◎适合选择同一内容或同系列内容的画作。

7）方框线式悬挂

◎根据墙面的情况，需要在心里勾勒出一个方框形，并在这个方框中填入画框。

◎尺寸可以有一些差距，但画面风格统一最佳。

◎悬挂时要确保画框都放入了构想中的方框中，整体应形成一个规则的方框。

4.花艺

（1）花艺分类

西方风格花艺	东方风格花艺

◎花材种类多，用量大，追求繁盛的视觉效果

◎以草本花卉为主，布置形式多为几何形式

◎色彩浓厚、浓艳，具有富贵豪华的气氛

◎花枝少，着重表现自然姿态美

◎多采用浅、淡色彩，以优雅见长

◎造型多运用青枝、绿叶来勾线、衬托

（2）花器种类

1）陶瓷花器

特点： 陶器的品种极为丰富，或古朴或抽象，既可作为家居陈设，又可作为插花用的器饰。

适合风格： 所有家居风格。

2）玻璃花器

特点： 颜色鲜艳，晶莹透亮，兼具实用性和装饰性。

适合风格： 所有家居风格。

3）编织花器

特点： 编织花器是采用藤、竹、草等材料用编织的形式制成的花器。单独一层的编织花器是没有办法盛水的，所以更适合摆放干花或人造花。

适合风格： 美式风格、东南亚风格、地中海风格、田园风格。

4）树脂花器

特点： 可以仿制任何材质的质感，高档的树脂花瓶同时也可以作为工艺品来使用。

适合风格： 所有家居风格。

5）金属花器

特点： 具有或豪华或敦厚的观感，亮面的金属花器具有华丽的观感，做旧处理的金属花器则比较质朴。

适合风格： 所有家居风格。

6）竹木花器

特点： 此类花器造型典雅、色彩沉着，不仅是花器也是工艺品，但由于原料的限制，款式变化较少。

适合风格： 所有家居风格。

（3）不同空间花艺布置

1）客厅

花材选择： 花材持久性宜高一点，不要太脆弱。

布置技巧： 茶几、边桌、角几、电视柜、壁炉等地方都可以用花艺做装饰，在一些大物体的角落，如壁炉、沙发背几后也可以摆放。茶几上的花艺不宜太高，其他位置摆放的花艺可以从中线上稍偏一些为佳。

2）餐厅

花材选择： 花艺的气味宜淡雅或无香味，以免影响味觉。

花器选择： 宜选用能将花材包裹的器皿，以防花瓣掉落，影响到用餐的卫生。

布置技巧： 花艺高度不宜过高，不要超过对坐人的视线，圆形的餐桌可以放在正中央，长方形的餐桌可以水平方向摆放。